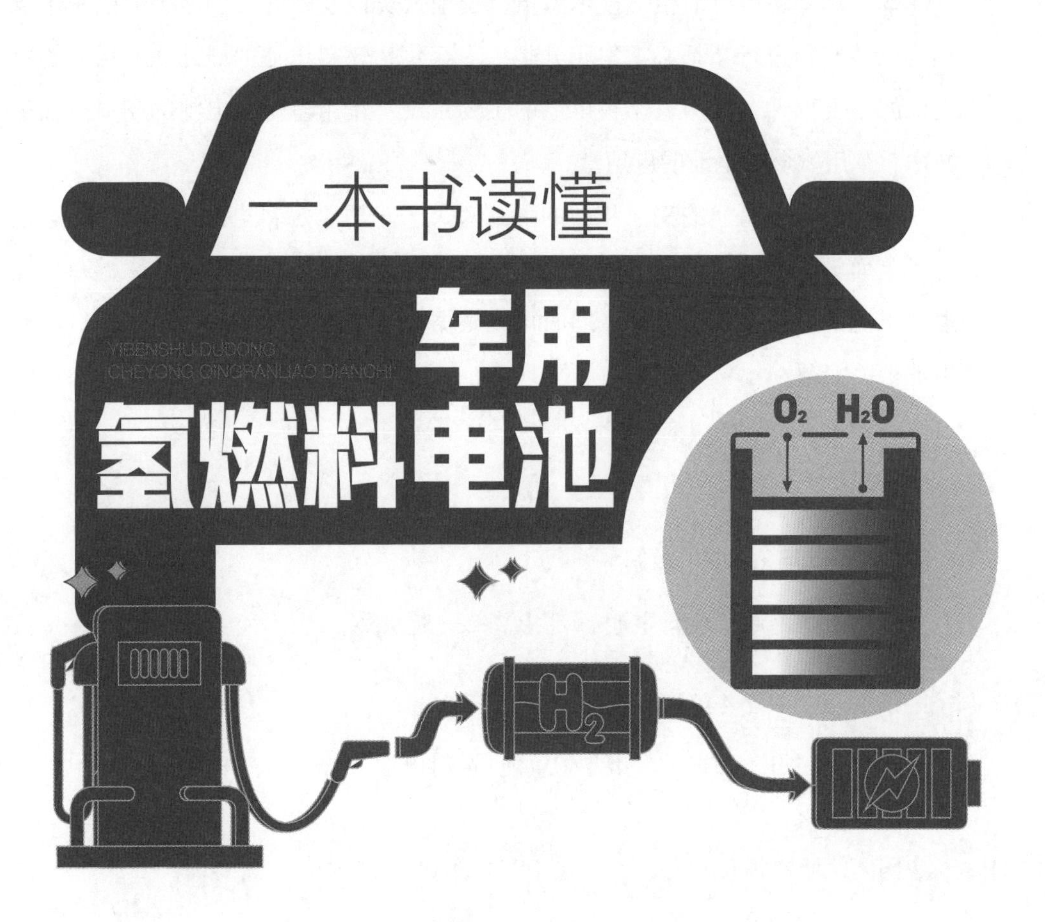

崔胜民　编

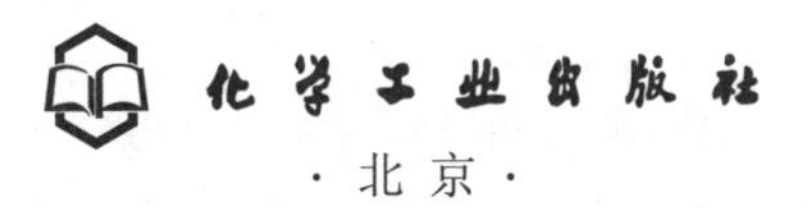
化学工业出版社
· 北京 ·

内容简介

本书对氢燃料电池相关技术人员、管理人员以及爱好者们所关心的车用氢燃料电池问题进行了精心汇集和分类，内容包括燃料电池的概述、车用氢燃料电池的主要部件、车用氢燃料电池的主要系统、车用氢燃料电池的制氢与加氢技术、车用氢燃料电池的应用。

本书用简单易懂的文字和图的形式对关于车用氢燃料电池的118个问题进行了全面解答，通过对本书的阅读，可以让更多的人更快、更好地掌握车用氢燃料电池的相关知识和技术，同时可以根据目录快速查询所关心的车用氢燃料电池相关问题。

图书在版编目（CIP）数据

一本书读懂车用氢燃料电池/崔胜民编. —北京：化学工业出版社，2024.3

ISBN 978-7-122-44710-4

Ⅰ. ①一… Ⅱ. ①崔… Ⅲ. ①氢能-燃料电池-基本知识 Ⅳ. ①TM911.42

中国国家版本馆CIP数据核字（2024）第028183号

责任编辑：陈景薇　　文字编辑：冯国庆
责任校对：王鹏飞　　装帧设计：王晓宇

出版发行：化学工业出版社
（北京市东城区青年湖南街13号　邮政编码100011）
印　　装：北京瑞禾彩色印刷有限公司
710mm×1000mm　1/16　印张9¾　字数155千字
2024年5月北京第1版第1次印刷

购书咨询：010-64518888　　售后服务：010-64518899
网　　址：http://www.cip.com.cn
凡购买本书，如有缺损质量问题，本社销售中心负责调换。

定　　价：68.00元

前言

PREFACE

我国自2020年提出“双碳”目标后，氢能发展进入快车道。我国目前已是全球最大的氢气生产国。2022年3月23日，国家发改委、国家能源局联合印发《氢能产业发展中长期规划（2021～2035年）》，明确了氢的能源属性。氢能是未来国家能源体系的组成部分，是用能终端实现绿色低碳转型的重要载体，是战略性新兴产业和未来产业重点发展方向，发展氢能与氢燃料电池也是能源交通行业低碳转型的重要选择之一。氢燃料电池主要应用场景就是氢燃料电池电动汽车。目前我国氢燃料电池电动汽车整体应用呈现快速扩展的态势。据不完全统计，目前国内已经有21个省级、69个市级氢能规划，省级规划中，到2025年氢燃料电池电动汽车合计推广11.1万辆，加氢站超过1000座。

随着氢燃料电池电动汽车的快速发展，需要了解车用氢燃料电池知识和技术的人也不断增加，各大汽车企业都开展氢燃料电池电动汽车的开发，从事传统汽车开发的技术人员和管理人员迫切需要了解车用氢燃料电池技术，各高校车辆工程和热能与动力工程相关专业也将车用氢燃料电池纳入教学中。

本书以问答的形式全面系统地介绍了关于车用氢燃料电池的118个问题，其中燃料电池的概述问题20个，车用氢燃料电池的主要部件问题37个，车用氢燃料电池的主要系统问题37个，车用氢燃料电池的制氢与加氢技术问题19个，车用氢燃料电池的应用问题5个。本书涉及的这些问题既有车用氢燃料电池的基础知识，也有车用氢燃料电池的最新技术和未来发展方向，是一本非常实用的技术科普书。

由于笔者学识有限，书中不足之处在所难免，恳盼读者给予指正。

希望本书的出版能对普及车用氢燃料电池知识，以及发展车用氢燃料电池起到积极的引导和促进作用。

编者

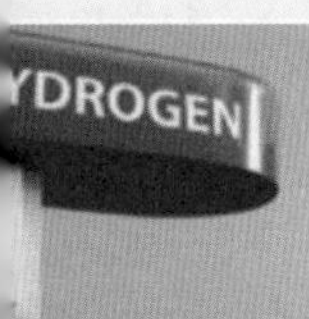

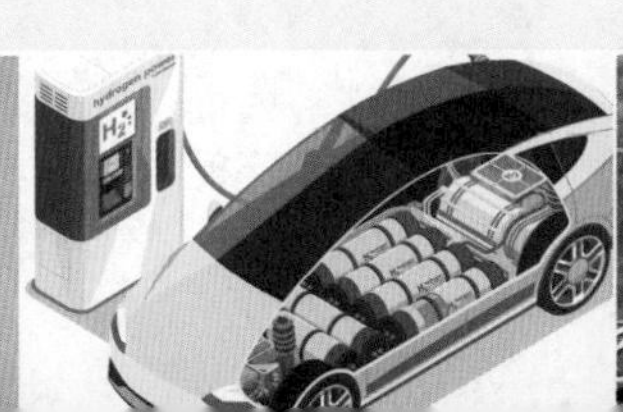

目录

CONTENTS

目录

CONTENTS

目录

CONTENTS

目录

CONTENTS

目录

CONTENTS

第1章 燃料电池的概述

1-1 什么是燃料电池？

燃料电池是将一种燃料和一种氧化剂的化学能直接转化为电能（直流电）、热和反应产物的电化学装置。燃料和氧化剂通常存储在燃料电池的外部，当它们被消耗时输入燃料电池中。在燃料电池中燃料与氧化剂经催化剂的作用，经过电化学反应生成电能和水，因此，燃料电池不会产生氮氧化合物和碳氢化合物等对大气环境造成污染的气体。图1-1所示为燃料电池。

图1-1 燃料电池

氢燃料电池是燃料电池的一种，是利用氢气和氧气的化学反应直接产生电能的发电装置，其基本原理是电解水的逆反应。把氢气和氧气分别供给阳极和阴极，氢气通过阳极向外扩散，并与电解质发生反应，随后释放出的电子通过外部的负载到达阴极。燃料电池电动汽车应用的燃料电池就属于氢燃料电池。

1-2 燃料电池与蓄电池有什么区别？

燃料电池与蓄电池具有以下区别。

① 燃料电池是一种能量转换装置，在工作时必须有电化学反应才能产生电能；蓄电池是一种能量储存装置，必须先将电能储存到蓄电池中，在工作时不需要输入能量，也不产生电能，只能输出电能，这是燃料电池与蓄电池本质的区别。

② 燃料电池的技术性能确定后，其所能够产生的电能只和燃料的供应有关，只要供给燃料就可以产生电能，其放电特性是连续进行的；蓄电池的技术性能确定后，只能在其额定范围内输出电能，而且必须是重复充电后才可能重复使用，其放电特性是间断进行的。

③ 燃料电池本体的质量和体积并不大，但燃料电池需要一套燃料储存装置或燃料转换装置和附属设备，才能获得燃料，而这些燃料储存装置或燃料转换装置和附属设备的质量和体积远远超过燃料电池本身，在工作过程中，燃料会随着燃料电池电能的产生逐渐消耗，质量逐渐减轻（指车载有限燃料）；蓄电池没有其他辅助设备，在技术性能确定后，无论是充满电还是放完电，蓄电池的质量和体积基本不变。

④ 燃料电池是将化学能转变为电能，蓄电池也是将化学能转变为电能，这是它们共同之处。但燃料电池在产生电能时，参加反应的物质在经过反应后不断被消耗，不再重复使用，因此，要求不断地输入反应物质；蓄电池的活性物质随蓄电池的充电和放电变化反复进行可逆性化学反应，活性物质并不消耗，只需要添加一些电解液等物质即可。

1-3 燃料电池有哪些特点？

（1）燃料电池的优点

① 发电效率高。理论上，燃料电池的发电效率可达到85% ~ 90%，但由于工作时各种极化的限制，目前燃料电池的能量转化效率为50% ~ 70%。

燃料电池在额定功率下的效率可以达到60%，而在部分功率输出条件下运转效率可以达到70%，在过载功率输出条件下运转效率可以达到50% ~ 55%。燃料电池的高效率范围很宽，在低功率下其运转效率高，特别适合汽车动力性能的要求。

② 环境污染小。用氢气作为燃料的燃料电池主要生成物质为水，属于“零污染”；用碳氢化合物作为燃料的燃料电池主要生成物质为水、二氧化碳和一氧化碳等，属于“超低污染”。出于对地球环境保护的要求和开发新的能源，特别是碳中和和碳达峰的要求，燃料电池是比较理想的动力装置，并有可能逐渐取代石油作为车辆的主要能源。

③ 功率密度高。内燃机的比功率约为300W/kg，目前燃料电池本体的比功率约为700W/kg，功率密度为1000W/L。如果包括燃料电池的重整器、净化器和附属装置在内，比功率为300 ~ 350W/kg，功率密度为280W/L，与内燃机的比功率相接近，因此其动力性能可以达到内燃机汽车的水平，但比功率仍需要进一步提高。

④ 燃料来源范围广。对于燃料电池而言，只要含有氢原子的物质都可以作为燃料，例如天然气、石油、煤炭等化石产物，或是沼气、乙醇、甲醇等，因此燃料电池非常符合能源多样化的需求，可减缓主流能源的耗竭。

（2）燃料电池的不足

① 燃料种类单一。目前，液态氢、气态氢、储氢金属储存的氢，以及碳水化合物经过重整后转换的氢是燃料电池的主要燃料。氢气的产生、储存、保管、运输和灌装或重整都比较复杂，对安全性要求很高。

② 要求高质量的密封。燃料电池的单电池所能产生的电压约为1V，不同种类的燃料电池的单电池所能产生的电压略有不同。通常将多个单电池按使用电压和电流的要求组合成为燃料电池发电系统，在组合时，单电池间的电极连接必须有严格的密封，因为密封不良的燃料电池，氢气会泄漏到燃料电池的外面，降低氢气的利用率并严重影响燃料电池发电系统的效率，还会引起氢气燃烧事故。由于要求燃料电池有严格的密封，所以燃料电池发电系统的制造工艺很复杂，给使用和维护带来很多困难。

③ 成本较高。目前质子交换膜燃料电池是最有发展前途的燃料电池之一，但质子交换膜燃料电池需要用贵金属铂（Pt）作为催化剂，而且铂在反应过程中受一氧化碳（CO）的作用会中毒而失效。铂的使用和铂

的失效使质子交换膜燃料电池的成本较高。

1-4 燃料电池有哪些类型？

根据《燃料电池　术语》（GB/T 28816—2020），燃料电池可以分为自呼吸式燃料电池、碱性燃料电池、磷酸燃料电池、熔融碳酸盐燃料电池、可再生燃料电池、固体氧化物燃料电池、质子交换膜燃料电池、直接燃料电池、直接甲醇燃料电池等。

（1）**自呼吸式燃料电池**　指使用自然通风的空气作为氧化剂的燃料电池。

（2）**碱性燃料电池**　指使用碱性电解质的燃料电池。碱性燃料电池属于第一代燃料电池，是最早开发的燃料电池技术，在20世纪60年代就成功地应用于航天飞行领域。

（3）**磷酸燃料电池**　指用磷酸水溶液作为电解质的燃料电池。磷酸燃料电池属于第一代燃料电池，是目前最为成熟的燃料电池，已经进入商业化应用和批量生产。由于其成本太高，目前只能作为区域性电站来现场供电、供热。

（4）**熔融碳酸盐燃料电池**　指使用熔融碳酸盐为电解质的燃料电池，通常使用熔融的锂-钾碳酸盐或锂-钠碳酸盐作为电解质。熔融碳酸盐燃料电池属于第二代燃料电池，主要应用于设备发电。

（5）**可再生燃料电池**　指能够由一种燃料和一种氧化剂产生出电能，又可通过使用电能的一个电解过程产生该燃料和氧化剂的电化学电池。

（6）**固体氧化物燃料电池**　指使用离子导电氧化物作为电解质的燃料电池。固体氧化物燃料电池属于第三代燃料电池，以其全固态结构、更高的能量效率和对煤气、天然气、混合气体等多种燃料气体广泛适应性等突出特点，发展非常快，应用广泛。

（7）**质子交换膜燃料电池**　指使用具有离子交换能力的聚合物作为电解质的燃料电池，也被称为聚合物电解质燃料电池。满足一般用途（非汽车用）的质子交换膜燃料电池属于第四代燃料电池，具有较高的能量效率和能量密度，体积小，重量轻，冷启动时间短，运行安全可靠，正逐渐拓展其商业应用；满足车用的质子交换膜燃料电池属于第五代燃料电池，它必须满足汽车对燃料电池的苛刻要求。

（8）**直接燃料电池** 指提供给燃料电池发电系统的原燃料和在阳极进行反应的燃料相同的燃料电池。典型的直接燃料电池是直接甲醇燃料电池。直接甲醇燃料电池是指燃料为气态或液态形式的甲醇的直接燃料电池。直接甲醇燃料电池属于第六代燃料电池，它不依赖氢的产生，是质子交换膜燃料电池的一种变种路线，直接使用纯甲醇而不需要预先重整制氢。

比较常见的燃料电池类型主要有质子交换膜燃料电池、碱性燃料电池、磷酸燃料电池、熔融碳酸盐燃料电池、固体氧化物燃料电池和直接甲醇燃料电池。

6种常见燃料电池的主要特征参数比较见表1-1。

表1-1 6种常见燃料电池的主要特征参数比较

项目	质子交换膜燃料电池	碱性燃料电池	磷酸燃料电池	熔融碳酸盐燃料电池	固体氧化物燃料电池	直接甲醇燃料电池
燃料	H_2	H_2	H_2	CO、H_2	CO、H_2	CH_3OH
电解质	固态高分子膜	碱溶液	液态磷酸	熔融碳酸锂	固体二氧化锆	固态高分子膜
工作温度/℃	约80	60 ~ 120	170 ~ 210	60 ~ 650	约1000	约80
氧化剂	空气或氧气	纯氧气	空气	空气	空气	空气或氧气
电极材料	C	C	C	Ni-M	Ni-YSZ	C
催化剂	Pt	Pt、Ni	Pt	Ni	Ni	Pt
寿命/h	100000	10000	15000	13000	7000	100000
特征	·比功率高 ·运行灵活 ·无腐蚀	·高效率 ·对二氧化碳敏感 ·有腐蚀	·效率较低 ·有腐蚀	·效率高 ·控制复杂 ·有腐蚀	·效率高 ·运行温度高 ·有腐蚀	·比功率高 ·运行灵活 ·无腐蚀
效率/%	>60	60 ~ 70	40 ~ 50	>60	>60	>60
主要应用领域	航天、军事、汽车、固定式用途	航天、军事	大客车、中小电厂、固定式用途	大型电厂	大型电厂、热站、固定式用途	航天、军事、汽车、固定式用途

质子交换膜燃料电池是目前主流的氢燃料电池。本书提到的燃料电池，如无特殊说明，都是指质子交换膜燃料电池。

1-5 质子交换膜燃料电池有哪些特点？

质子交换膜燃料电池采用可传导离子的聚合膜作为电解质，所以也叫聚合物电解质燃料电池、固体聚合物燃料电池或固体聚合物电解质燃料电池，是目前应用非常广泛的燃料电池。

（1）质子交换膜燃料电池的优点

① 能量转化效率高。通过氢氧化合作用，直接将化学能转化为电能，不通过热机过程，不受卡诺循环的限制。

② 可实现零排放。唯一的排放物是纯净水，没有污染物排放，是环保型能源。

③ 运行噪声低，可靠性高。质子交换膜燃料电池无机械运动部件，工作时仅有气体和水的流动。

④ 维护方便。质子交换膜燃料电池内部构造简单，电池模块呈现自然的“积木化”结构，使得电池组的组装和维护都非常方便，也很容易实现“免维护”设计。

⑤ 发电效率平稳。发电效率受负荷变化影响很小，非常适合用作分散型发电装置（作为主机组），也适合用作电网的“调峰”发电机组（作为辅机组）。

⑥ 氢气来源广泛。氢气来源极其广泛，是一种可再生的能源资源。可通过石油、天然气、甲醇、甲烷等进行重整制氢；也可通过电解水制氢、光解水制氢、生物制氢等方法获取氢气。

⑦ 技术成熟。氢气的生产、储存、运输和使用等技术，目前均已非常成熟、安全、可靠。

（2）质子交换膜燃料电池的缺点

① 成本高。膜材料和催化剂均十分昂贵，但成本在不断降低，一旦能够大规模生产，比价的经济效益将会充分显示出来。

② 对氢气的纯度要求高。这种电池需要纯净的氢气，因为它们极易受到一氧化碳和其他杂质的污染。

因为质子交换膜燃料电池的工作温度低，启动速度较快，功率密度较高（体积较小），所以很适合用作新一代交通工具的动力。从目前的发展情况看，质子交换膜燃料电池是技术非常成熟的燃料电池电动汽车动力源，质子交换膜燃料电池电动汽车被业内公认为是电动汽车的未来发展方向。

1-6 碱性燃料电池有哪些特点?

碱性燃料电池以强碱（如氢氧化钾、氢氧化钠）为电解质，氢气为燃料，纯氧或脱除微量二氧化碳的空气为氧化剂，采用对氧电化学还原具有良好催化活性的铂炭（Pt/C）、银（Ag）、金银（Ag-Au）、镍（Ni）等为电催化剂制备的多孔气体扩散电极为氧化极，以铂钯炭（Pt-Pd/C）、铂炭（Pt/C）、镍（Ni）或硼化镍等具有良好催化氢电化学氧化性能的电催化剂制备的多孔气体电极为氢电极，以无孔炭板、镍板或镀镍甚至镀银、镀金的各种金属（如铝、镁、铁等）板为双极板材料，在板面上可加工各种形状的气体流动通道构成双极板。

碱性燃料电池具有以下特点。

① 碱性燃料电池具有较高的效率（60% ~ 70%）。

② 工作温度为60 ~ 120℃，因此，其启动速度也很快。

③ 性能可靠，既可用贵金属作催化剂，也可用非贵金属作催化剂。

④ 碱性燃料电池是燃料电池中生产成本非常低的一种电池。

⑤ 碱性燃料电池是技术发展非常快的一种电池，主要为空间任务（包括航天飞机）提供动力和饮用水，也可用于交通工具。

⑥ 使用具有腐蚀性的液态电解质，具有一定的危险性和容易造成环境污染。此外，为解决二氧化碳毒化所采用的一些方法，如使用循环电解液、吸收二氧化碳等，增加了系统的复杂性。

1-7 磷酸燃料电池有哪些特点?

磷酸燃料电池是以浓磷酸为电解质，以贵金属催化的气体扩散电极为正、负电极的中温型燃料电池。

磷酸燃料电池具有以下特点。

① 磷酸燃料电池的工作温度比质子交换膜燃料电池和碱性燃料电池的工作温度略高，为170 ~ 210℃，但仍需电极上的铂催化剂来加速反应。较高的工作温度也使其对杂质的耐受性较强，当其反应物中含有1% ~ 2%的一氧化碳和百万分之几的硫时，磷酸燃料电池照样可以工作。

② 磷酸燃料电池的效率比其他燃料电池低，为40% ~ 50%，其加热的时间也比质子交换膜燃料电池长。

③ 磷酸燃料电池具有构造简单、稳定、电解质挥发度低等优点。磷酸燃料电池可用作公共汽车的动力，不过这种电池很难用在轿车上。但是磷酸燃料电池能用于固定场所，已有许多发电能力为0.2 ~ 20MW的工作装置被安装在世界各地，为医院、学校和小型电站提供电力。

1-8 熔融碳酸盐燃料电池有哪些特点？

熔融碳酸盐燃料电池主要由阳极、阴极、电解质基底和集流板或双极板构成。

（1）熔融碳酸盐燃料电池的优点

① 工作温度高，电极反应活化能小，无论氢的氧化或是氧的还原，都不需要贵金属作催化剂，降低了成本。

② 可以使用氢含量高的燃料气，如煤制气。

③ 电池排放的余热温度高达600℃，可用于低循环或回收利用，使总的热效率达到60%。

④ 可以不用水冷却，而用空气冷却代替，尤其适用于缺水的地区。

（2）熔融碳酸盐燃料电池的缺点

① 高温以及电解质的强腐蚀性对电池各种材料的长期耐腐蚀性能有十分严格的要求，电池的寿命也因此受到一定的限制。

② 单电池边缘的高温使密封难度大，尤其在阳极区，会使电池材料遭受严重的腐蚀。另外，熔融碳酸盐还存在由于冷却导致的破裂等固有问题。

③ 电池系统中需要有循环，将阳极析出的电子重新输送到阴极，增加了系统结构的复杂性。

1-9 固体氧化物燃料电池有哪些特点？

固体氧化物燃料电池属于第三代燃料电池，是一种在中高温下直接将储存在燃料和氧化剂中的化学能高效、环境友好地转化成电能的全固态化学发电装置。被普遍认为是在未来会与质子交换膜燃料电池一样得到广泛应用的一种燃料电池。

（1）固体氧化物燃料电池的优点 固体氧化物燃料电池除具备燃料电池高效、清洁、环境友好的共性外，还具有以下优点。

① 固体氧化物燃料电池是全固态的电池结构，不存在电解质渗漏问题，避免了使用液态电解质所带来的腐蚀和电解液流失等问题，无须配置电解质管理系统，可实现长寿命运行。

② 对燃料的适应性强，可直接用天然气、煤气和其他碳氢化合物作为燃料。

③ 固体氧化物燃料电池直接将化学能转化为电能，不通过热机过程，因此不受卡诺循环的限制。发电效率高，能量密度大，能量转换效率高。

④ 工作温度高，电极反应速率快，不需要使用贵金属作电催化剂。

⑤ 可使用高温进行内部燃料重整，使系统优化。

⑥ 低排放、低噪声。

⑦ 废热的再利用价值高。

⑧ 陶瓷电解质要求中、高温运行（800 ~ 1000℃），加快了电池内部的反应进行，还可以实现多种碳氢燃料气体的内部还原，简化了设备。

（2）固体氧化物燃料电池的缺点

① 氧化物电解质材料为陶瓷材料，质脆易裂，燃料电池堆组装较困难。

② 高温热应力作用会引起电池龟裂，所以主要部件的热膨胀率应严格匹配。

③ 存在自由能损失。

④ 工作温度高，预热时间较长，不适用于需经常启动的非固定场所。

1-10 直接甲醇燃料电池有哪些特点？

直接甲醇燃料电池直接使用水溶液以及甲醇蒸气作为燃料供给来源，不需要通过重整器对甲醇、汽油及天然气等进行重整以提取氢气来发电。

（1）直接甲醇燃料电池的优点

① 甲醇来源丰富，价格低廉，储存和携带方便。

② 与质子交换膜燃料电池相比，结构更简单，操作更方便，体积能量密度更高。

③ 与重整式甲醇燃料电池相比，没有甲醇重整装置，质量和体积更小，响应时间更短。

（2）直接甲醇燃料电池的缺点 当甲醇低温转换为氢气和二氧化碳时，要比常规的质子交换膜燃料电池需要更多的铂催化剂。

1-11 氢燃料电池的基本结构是怎样的?

氢燃料电池的基本结构由质子交换膜、催化层、气体扩散层和双极板组成，如图1-2所示，其中催化层与气体扩散层分别在质子交换膜两侧构成阳极和阴极，阳极为氢电极，是燃料发生氧化反应的电极；阴极为氧电极，是氧化剂发生还原反应的电极；阳极和阴极上都需要含有一定量的电催化剂，用来加速电极上发生的电化学反应；两电极之间是电解质，即质子交换膜；通过热压将阴极、阳极与质子交换膜复合在一起而形成膜电极。

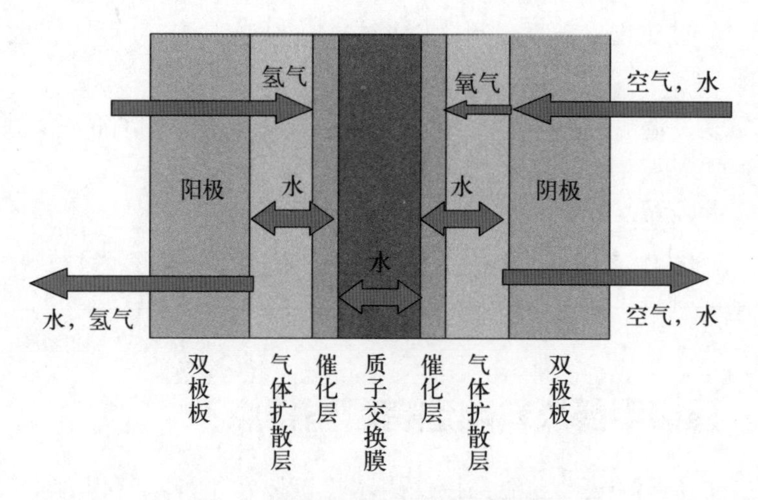

图1-2 氢燃料电池的基本结构示意

（1）质子交换膜 质子交换膜作为电解质，起到传导质子、隔离反应气体的作用。在氢燃料电池内部，质子交换膜为质子的迁移和输送提供通道，使得质子经过膜从阳极到达阴极，与外电路的电子转移构成回路，向外界提供电流。质子交换膜的性能对氢燃料电池的性能起着非常重要的作用，它的好坏也直接影响电池使用寿命的长短。

（2）催化层 催化层是由催化剂和催化剂载体形成的薄层。催化剂主要采用铂炭（Pt/C）、铂合金炭（Pt合金/C），载体材料主要是碳纳米颗粒、碳纳米管等。对材料的要求是导电性好，载体耐蚀，催化活性大。

（3）气体扩散层 气体扩散层是由导电材料制成的多孔合成物，起着支撑催化层，收集电流，并为电化学反应提供电子通道、气体通道和排水通道的作用。

（4）双极板 双极板又称集流板，放置在膜电极的两侧，其作用是阻隔燃料和氧化剂，收集和传导电流，导热，将各个单电池串联起来并通过流场为反应气体进入电极及水的排出提供通道。

1-12 氢燃料电池的工作原理是怎样的？

氢燃料电池在原理上相当于水电解的“逆”装置，其单电池由阳极、阴极和质子交换膜组成，阳极为氢燃料发生氧化的场所，阴极为氧化剂还原的场所，两极都含有加速电极电化学反应的催化剂，质子交换膜为电解质。氢燃料电池的工作原理如图1-3所示。

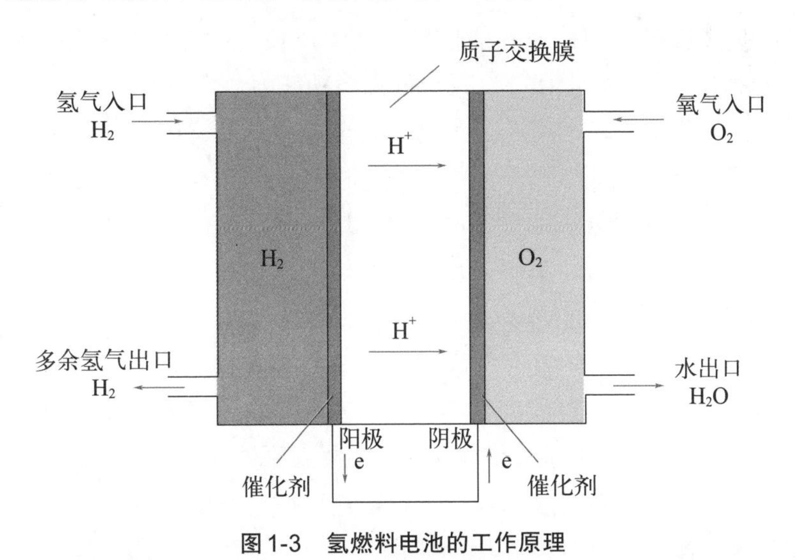

图1-3 氢燃料电池的工作原理

导入的氢气通过双极板经由阳极气体扩散层到达阳极催化层，在阳极催化剂的作用下，氢分子分解为带正电的氢离子（即质子）并释放出电子，完成阳极反应；氢离子穿过质子交换膜到达阴极催化层，而电子则由双极板收集，通过外电路到达阴极，电子在外电路形成电流，通过适当连接可向负载输出电能。在电池另一端，氧气通过双极板经由阴极气体扩散层到达阴极催化层，在阴极催化剂的作用下，氧气与透过质子交换膜的氢离子及来自外电路的电子发生反应生成水，完成阴极反应；电极反应生成的水大部分由尾气排出，一小部分在压力差的作用下通过质子交换膜向阳极扩散。阳极和阴极发生的电化学反应为

$$2H_2 \longrightarrow 4H^+ + 4e$$

$$4e + 4H^+ + O_2 \longrightarrow 2H_2O$$

氢燃料电池总的电化学反应为

$$2H_2 + O_2 \longrightarrow 2H_2O$$

上述过程是理想的工作过程，实际上，整个反应过程中会有很多中间步骤和中间产物的存在。

1-13 氢燃料电池有哪些技术性能指标?

氢燃料电池的技术性能指标主要有质量功率密度与体积功率密度、电极功率密度、额定功率、系统低温启动能力。

（1）质量功率密度与体积功率密度 质量功率密度与体积功率密度是目前氢燃料电池领域产品性能先进性和系统集成度的重要衡量指标之一，代表单位质量或体积下燃料电池堆或者系统的输出功率，该指标相比额定功率与峰值功率更能反映燃料电池堆和系统的集成能力以及在氢燃料电池汽车整车布置环境中的实际效用。

高的质量功率密度有利于提高整车的有效载荷和降低燃料消耗，代表系统及其零件的集成度越高，也代表零件布置得越紧凑；同时该参数越高，代表在同等质量条件下系统能输出更高的功率。

高的体积功率密度有利于燃料电池堆或者系统在整车上的布置，特别是对于布置空间相对受限的乘用车。

（2）**电极功率密度** 电极功率密度是指燃料电池堆中每节单电池单位活性面积的发电功率（W/cm^2），这项指标是衡量燃料电池堆在一定效率下发电能力的关键指标，取决于膜电极和双极板各自的性能水平，也取决于膜电极和双极板的匹配集成水平，是燃料电池堆性能水平的关键指标。

（3）**额定功率** 额定功率是指该燃料电池堆或系统可以连续稳定长时间运行的最大功率，是燃料电池堆或系统做功能力的重要指标。

（4）**系统低温启动能力** 系统低温启动能力是指氢燃料电池电动汽车在低温寒冷环境下能够满足快速启动的能力。

1-14 氢燃料电池主要有哪些应用？

氢燃料电池主要有三大类应用市场：固定电源、交通运输和便携式电源，如图1-4所示。

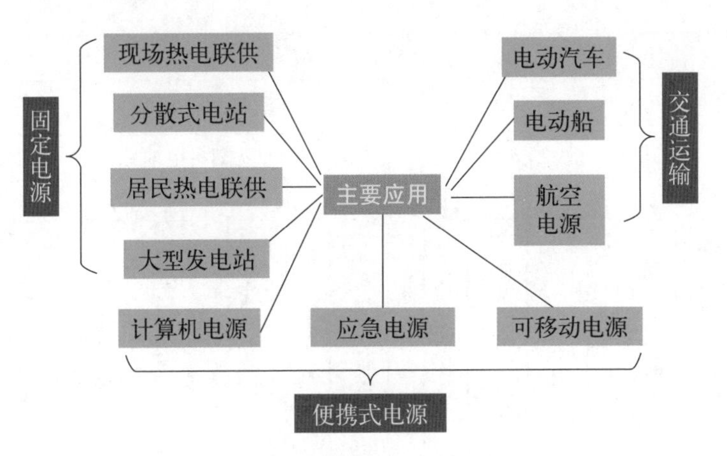

图1-4 氢燃料电池的应用市场

（1）**固定电源** 固定电源是目前氢燃料电池应用的最大市场。固定电源市场包括所有在固定位置运行的作为主电源、备用电源或者热电联产的氢燃料电池，比如分布式发电及余热供热等。固定氢燃料电池被用于商业、工业及住宅的主要和备份发电设施中，还可以作为动力源安装在偏远位置，对于一些科学研究站和某些军事应用非常重要。固定电源在氢燃料电池主流应用中占比最大，大型企业的数据中心使用量呈较明显的上升趋势。

除用于发电外，热电联供氢燃料电池发电系统还可以同时为工业或家庭供电和供热。

（2）**交通运输** 交通运输领域是目前氢燃料电池的主要应用场景，例如乘用车、公交车/客车、叉车以及其他以氢燃料电池作为动力的车辆。

汽车用氢燃料电池作为动力系统是目前发展最迅猛、关注度最高的应用领域。

（3）**便携式电源** 便携式电源市场包括非固定安装的或者移动设备中使用的氢燃料电池，目前其相比锂电池的优势并不明显，因此市场渗透不快。

1-15 氢能的主要产业链是怎样的?

氢能的主要产业链如图1-5所示。

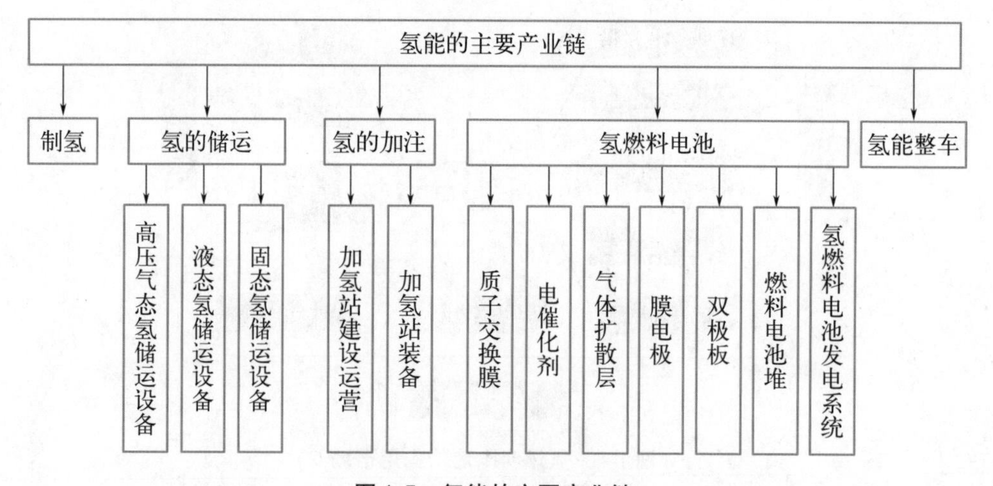

图1-5　氢能的主要产业链

1-16 氢燃料电池的关键技术有哪些?

氢燃料电池的关键技术有膜电极、双极板和燃料电池堆。

（1）**膜电极** 膜电极由质子交换膜、催化层和气体扩散层三部分组成。

① 氢燃料电池的核心元件是一种聚合物电解质膜，目前质子交换膜的主流趋势是全氟化磺酸增强型复合膜，质子交换膜逐渐趋于薄型化，由几十微米降低到十几微米，降低质子传递的欧姆极化，以达到更高的性能。质子交换膜是影响电池性能和寿命的关键因素，目前技术难点主要包括质子交换膜导电机理与降解机理，开发化学与力学稳定性高、导电性强、有自加湿能力的高性能质子交换膜材料以及质子交换膜的成型技术。

② 氢燃料电池目前“卡脖子”的关键技术就是氢能的催化剂。催化层是由催化剂和催化剂载体形成的薄层。催化层主要搭载的是催化剂，催化剂可以促进氢、氧在电极上的氧化还原过程并在氢燃料电池堆中产生电流，电极上氢的氧化反应和氧的还原反应过程主要受催化剂控制。催化剂是保证燃料电池电化学反应活性的关键，也是影响氢燃料电池活化极化的主要因素，被视为氢燃料电池的关键材料。目前氢燃料电池的催化剂主要分为三个大类：铂催化剂、低铂催化剂和非铂催化剂。其中低铂催化剂分为核壳类催化剂与纳米结构催化剂，非铂催化剂分为钯基催化剂、非贵金属催化剂与非金属催化剂。目前燃料电池中常用的催化剂是铂炭（Pt/C）。可以通过铂的各种合金来降低其含量以摆脱氢燃料电池对铂的依赖。

③ 气体扩散层包括碳纤维基层和碳微孔层，位于流场和膜电极之间，主要作用是为参与反应的气体和产生的水提供传输通道，并支撑膜电极。气体扩散层必须具备良好的机械强度、合适的孔结构、良好的导电性、高稳定性、高导热性和良好的疏水性。

（2）双极板 双极板（又称隔板）的功能是提供气体流道，防止电池气室中的氢气与氧气串通，并在串联的阴阳两极之间建立电流通路。在保持一定机械强度和良好阻气作用的前提下，双极板的厚度应尽可能薄，以减少对电流和热的传导阻力。它的主要作用是分隔燃料与氧化剂，阻止气体透过；收集、传导电流，电导率高；设计与加工的流道，可将气体均匀分配到电极的反应层进行电极反应；能排出热量，保持电池温场均匀。

在实际的车辆应用中，氢燃料电池主要经历 4 种工况：启/停工况、怠速工况、高负载工况和变载工况。工况的变化可能会导致反应气体不足，而反应气体不足和启/停工况则会带来高电势。双极板材料是电与热的良导体，具有一定的强度以及气体致密性等；稳定性方面，要求双极板在燃料电池酸性、电位、湿热环境下具有耐腐蚀性，且对燃料电池其他部件与材料的相容无污染性。

双极板分为石墨双极板、复合双极板、金属双极板3大类。金属双极板因其在超薄状态下的成形性能优于其他材料，所以在高功率燃料电池堆中得到广泛应用，而石墨双极板和复合双极板一般用于中、低功率燃料电池堆中。各大汽车公司都采用金属双极板技术，其技术难点在于成形技术、金属双极板表面处理技术，比如筛选导电、耐腐蚀兼容的涂层材料与保证涂层致密、稳定的制备技术。

（3）燃料电池堆 燃料电池堆由多个单电池以串联方式层叠组合而成。单电池由双极板与膜电极（催化剂、质子交换膜、炭纸/炭布）组成。单体之间嵌入密封件，经前、后端板压紧后用螺杆紧固拴牢，即构成燃料电池堆。

对于燃料电池堆的设计，上承系统运行要求，下接关键材料性能。燃料电池堆运行的可靠性、燃料电池堆发电效率、功率密度的提高和成本的减控、燃料电池堆批量生产过程中的质量监控是燃料电池堆设计的关键技术。燃料电池堆通常由数百节单电池串联而成，而反应气、生成水、制冷剂等流体通常是按并联或特殊设计的方式（如串并联）流过每节单电池的。燃料电池堆的均一性是制约燃料电池性能的重要因素。

1-17 我国氢燃料电池核心部件技术状况如何?

目前我国氢燃料电池核心部件技术迭代十分迅速，见表1-2。

表1-2 我国氢燃料电池核心部件技术状况

核心部件	技术状况
燃料电池发电系统	系统额定功率接近300kW，系统额定工况能量效率达到43%，系统质量功率密度提升到902W/kg
燃料电池堆	·石墨堆：燃料电池堆额定功率达到309kW，功率密度达到4.7kW/L ·金属堆：燃料电池堆额定功率达到300kW，功率密度达到6.2kW/L
膜电极	·单片有效面积从260 ~ 350cm² 向400cm² 以上延伸 ·膜电极功率密度从1.0 ~ 1.3W/cm² 向1.5 ~ 1.8W/cm² 提升
质子交换膜	·质子交换膜国产化率不断提升，已超过20% ·乘用车用耐低湿、高温薄膜，厚度达到8μm

续表

核心部件	技术状况
催化剂	·催化剂国产化率不断提升，已接近30% ·催化剂铂载量小于等于0.3mg/cm^2
气体扩散层	·炭纸已经能够批量生产，国产化率不高 ·国内气体扩散层的电流密度为1.5A/cm^3，而国外先进的气体扩散层的电流密度达到2.5 ～ 3.0A/cm^3
双极板	·石墨板：厚度达到1.6mm ·金属板：厚度达到0.075mm（基材）
空压机	转速达到15万转/min，具有能量回收功能
氢循环	采用双引射器；由罗茨泵向漩涡泵发展；引射器+氢循环泵
增湿器	能够给大于等于200kW的燃料电池发电系统配套增湿器

1-18 氢燃料电池技术竞争力主要表现在哪几方面?

为了提高燃料电池电动汽车的竞争力，必须提高氢燃料电池的技术竞争力。氢燃料电池的技术竞争力见表1-3。

表1-3 氢燃料电池的技术竞争力

技术竞争力	趋势	影响因素	变化趋势分析
燃料电池成本	降低	技术、产量	近几年，国产燃料电池堆成本从7000 ～ 8000元/kW降到低于3000元/kW，国产质子交换膜售价为800 ～ 1000元/m^2，后续燃料电池堆成本和质子交换膜售价将进一步降低
储氢成本	降低	材料、技术	车载储氢罐碳纤维的原材料依赖进口，技术标准缺失和技术成本高等因素制约着储氢价格。随着技术进步，储氢罐的成本也在不断下降
绿氢成本	降低	电价	绿氢主要来源于可再生能源制氢，如光电和风电等。光电和风电投资成本不断下降，降低了绿氢成本
电解槽	降低	推广率	电解槽是可再生能源制氢的关键设备，其技术路线、性能水平、成本是重要发展因素。质子交换膜电解水和碱性电解水技术目前已商业化推广，未来具备较强的商业价值

续表

技术竞争力	趋势	影响因素	变化趋势分析
体积功率密度	提升	技术、材料	目前燃料电池的功率密度较低，但随着技术的发展，其功率密度也在不断提升。如丰田Mirai第二代燃料电池堆功率密度达到5.4kW/L，比第一代燃料电池堆功率密度高出1.5倍
氢耗	降低	车型、技术	氢燃料电池重卡耗氢量为10kg/100km左右，按照补贴后氢气价格35元/kg测算，与燃油车成本基本持平，可视为重卡领域减排脱碳的重要替代方案与发展方向。随着成本和氢耗降低，氢燃料电池重卡将具备比纯电动重卡更优的经济性

1-19 氢燃料电池的发展现状如何?

国内氢燃料电池产业技术水平及制造工艺日新月异，不但产品总体性能达到了较高水平，而且国产化程度也得到了大幅提高。

① 核心零部件研发逐步深入，性能逐年提升。氢燃料电池的性能水平极大地取决于其关键零部件的性能。目前国际市场上的膜电极功率密度为1.4 ~ 1.6W/cm^2，国内的膜电极功率密度已达到1.4W/cm^{2}左右。而随着新型催化剂、有序化膜电极制备技术、高效质子交换膜技术等方面的突破，膜电极功率密度可继续提高，有望达到2W/cm^{2}以上。提高膜电极功率密度对燃料电池降本增效十分关键。在燃料电池功率相同的情况下，膜电极功率密度提高一倍，可以约降低膜面积或膜片数一半，从而节约一半质子交换膜、气体扩散层、双极板等的需求，降低生产成本与氢燃料电池体积。质子交换膜厚度不断减小，质子电导率提升；国产产品性能接近国际先进水平。国内车规级质子交换膜以美国戈尔的产品为主，且仍在不断进行产品升级，降低厚度，提高电导率。2022年左右开始推广8μm质子交换膜，此外实验室还在开发5μm产品。但是，保证8μm质子交换膜长寿命以及稳定性难度较高，推广难度高，预计短期内国内产品仍以10μm以上为主。

② 氢燃料电池堆体积功率密度逐渐提高。2019年，国内石墨板氢燃料电池堆体积功率密度不到4kW/L。到2022年，国内石墨板氢燃料电池堆体积功率密度最高已达到4.9kW/L，且多款达到4.5kW/L；同时，新

发布的金属板电堆中，体积功率密度最高达到了6.4kW/L。国产氢燃料电池体积功率密度已居于国际领先地位。

③ 系统总功率继续攀升。根据工信部数据，2018年，国内氢燃料电池重卡的单台系统功率最高仅为63kW。到2021年，氢燃料电池重卡的单台系统功率提高到了162kW。到2022年，燃料电池重卡的单台系统功率最高仍为162kW，但14t以下的氢燃料电池电动汽车最高系统功率由2021年的110kW提高到了121kW；同时，2022年多家氢燃料电池企业发布了200kW以上乃至250kW以上的氢燃料电池产品。

1-20 氢燃料电池的未来发展趋势如何?

我国氢燃料电池具有以下发展趋势。

① 加速推进质子交换膜的研究。质子交换膜作为氢燃料电池内部的核心部件，目前虽已研制出相应的交换膜并在市场上应用，但在实际应用中发现，其效率低且成本较高，成为当下氢燃料电池发展的瓶颈之一。因此，通过寻找新型材料（如聚醚醚酮、壳聚糖等）并对其分子结构、官能团进行改造等方法实现膜的稳定化、高质子传导率化、低成本化，使氢燃料电池达到耐久性的要求，将会是未来研究的热门之一。

② 积极探索寻找低成本、高效率的催化剂。催化剂促进氢燃料电池内的化学反应，对于氢燃料电池的应用非常重要。现在市场上的氢燃料电池催化剂主要是铂基催化剂，成本高，耐久性差。加速低成本、高效率催化剂的研究是当前普及氢燃料电池电动汽车的必经之路。因此，金属表面改性、合金研制、非金属复合材料改造、石墨烯应用技术的开发等研究方向，将会是未来开发高活性、高稳定性、高抗衰性氢燃料电池催化剂的重点方向之一。

③ 有效推动双极板材料改性和流场设计共同发展。双极板材料的性能及价格影响氢燃料电池的寿命、使用感和制作成本；流场的合理设计影响电池内部的排水效果和工作效率。因此，寻找合适的双极板材料、设计合理的双极板的构型都是必不可少的工作。通过对成本低、导电性高的金属性双极板进行表面改性，以合适的涂层为辅助，提高其耐腐蚀性和稳定性，以及结合仿生学、自然规律等，加强对极板表面的流场创新性研究，都将会是未来增强双极板性能、延长氢燃料电池寿命的重点

方向之一。

④ 空压机的合理制造。空压机作为空气供应系统的主要部件，其性能的优劣将会显著影响氢燃料电池的使用感和电机的效率。因此，通过选择合适的空压机，对其进行改造并应用到氢燃料电池中，降低氢燃料电池成本，是当前空压机研究的核心。离心式和涡旋式空压机具有低成本、高稳定性等特点，将会是未来空压机优化改造、氢燃料电池效率提高的重点。

⑤ 合理发展储氢、制氢、氢纯化技术。氢气价格居高不下，不仅与当前氢燃料电池电动汽车未普及有关，而且与氢气的制造成本高、纯化难、氢气储存罐技术难关未攻破有关。因此，加快氢气制造产业整合、研究新型制氢技术，开发氢气纯度实时检测系统、优化膜分离技术等氢气纯化方式，突破氢气储存70MPa瓶颈，研制氢气储存罐新型材料，都是当下研究的热点方向。同时，发展固态和液态储氢技术也将会是促进氢燃料电池发展的途径之一。

第 2 章 车用氢燃料电池的主要部件

2-1 什么是质子交换膜?

质子交换膜是氢燃料电池（质子交换膜燃料电池）的核心部件。质子交换膜是指以质子为导电电荷的聚合物电解质膜，它是氢燃料电池的核心材料，是一种厚度仅为微米级的薄膜片，其微观结构非常复杂。质子交换膜又称为聚合物电解质薄膜。

在车用氢燃料电池质子交换膜领域，美国戈尔公司创造性地发明了膨体聚四氟乙烯的专有增强膜技术，其核心产品具有超薄、耐用、高功率密度的特性，与全球领先的新能源汽车制造商和燃料电池公司有着广泛而深入的合作，被认为是满足汽车应用挑战的行业标准。从产品来看，出货量较多的是18μm、15μm的质子交换膜。在超薄膜应用提速的形势下，8μm超薄膜也得到客户的好评。虽然超薄膜技术已经远远领先于同行，但戈尔实验室里已经储备了5μm乃至更薄膜的技术能力，正等待合适的产业化时机。

国内山东东岳未来氢能材料有限公司是质子交换膜生产的主要企业，东岳DF260膜技术已经成熟并已定型量产，东岳DF260膜厚度做到15μm，在开路电压情况下，耐久性大于600h；膜运行时间超过6000h；在干湿循环和机械稳定性方面，循环次数都超过2万次。

2-2 质子交换膜有哪些类型?

质子交换膜主要分为全氟化质子交换膜、部分氟化质子交换膜和非氟化质子交换膜等。

（1）**全氟化质子交换膜**　全氟化质子交换膜是指在高分子链上的氢原子全部被氟原子取代的质子交换膜。全氟化磺酸型质子交换膜（以下简称“全氟化磺酸膜”）由碳氟主链和带有磺酸基团的醚支链构成，具有极高的化学稳定性，目前应用最广泛。

由于全氟化磺酸膜的主链具有聚四氟乙烯结构，如图2-1所示，分子中的氟原子可以将碳-碳键紧密覆盖，而碳-氟键键长短、键能高、可极化度小，所以分子具有优良的热稳定性、化学稳定性和较高的机械强度，从而确保了聚合物膜的长使用寿命；分子支链上的亲水性磺酸基团能够吸附水分子，具有优良的离子传导特性。

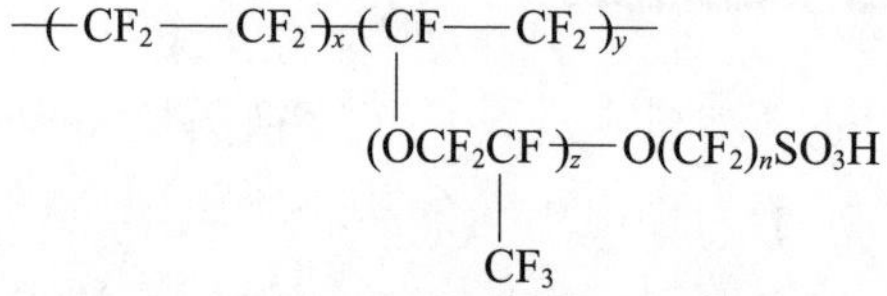

$$-\!\left(CF_2-CF_2\right)_x\!\left(\underset{\displaystyle (OCF_2\underset{\displaystyle CF_3}{\underset{|}{CF}})_z-O(CF_2)_nSO_3H}{\underset{|}{CF}}-CF_2\right)_y\!-$$

图2-1　全氟化磺酸膜的化学结构

全氟化磺酸膜的优点是机械强度高、化学稳定性好和在湿度大的条件下电导率高；低温时电流密度大，质子传导电阻小。但是全氟化磺酸膜也存在一些缺点，如温度升高会引起质子传导性变差，高温时膜易发生化学降解；单体合成困难，成本高；价格昂贵；用于甲醇燃料电池时易发生甲醇渗透等。

（2）**部分氟化质子交换膜**　针对全氟化磺酸膜价格昂贵、工作温度低等缺点，研究人员除了对其进行复合等改性外，还开展大量新型非全氟化磺酸膜的研发工作，部分氟化磺酸型质子交换膜便是其中之一，如聚三氟苯乙烯磺酸膜、聚四氟乙烯-六氟丙烯膜等。

部分氟化磺酸型质子交换膜一般体现为主链全氟化，这样有利于在燃料电池苛刻的氧化环境下保证质子交换膜具有相应的使用寿命。质子交换基团一般是磺酸基团，按引入的方式不同，部分氟化磺酸型质子交换膜分为全氟化主链聚合，带有磺酸基的单体接枝到主链上；全氟化主链聚合后，单体侧链接枝，最后磺化；磺化单体直接聚合。采用部分氟化结构会明显降低薄膜成本，但是此类膜的电化学性能都不如全氟化磺酸（Nafion）膜。

（3）**非氟化质子交换膜**　非氟化质子交换膜是指不含任何氟原子的

质子交换膜。与全氟化磺酸膜相比，非氟化磺酸膜具有很多优点：价格便宜，很多原材料都容易买到；含极性基团的非氟化聚合物亲水能力在很宽温度范围内都很高，吸收的水分聚集在主链上的极性基团周围，膜保水能力较强；通过适当的分子设计，稳定性能够有较大改善；废弃非氟化聚合物易降解，不会造成环境污染。

磺化芳香型聚合物具有良好的热稳定性和较高的机械强度，磺化产物被广泛用于质子交换膜。

目前车用质子交换膜逐渐趋于薄型化，由先前的几十微米降低到几微米（如8μm），这样能降低质子传递的欧姆极化，以达到较高的性能。

2-3 质子交换膜有哪些特性?

质子交换膜具有以下重要特性。

（1）**质子传导性能** 质子交换膜应具有高质子传导性能，以保证在燃料电池运行时质子能够迅速地在膜中传递。

（2）**湿润性** 质子交换膜需要具有一定的湿润性，以保持膜内的水分，并促进质子传导。同时，膜上不应有太多的水分，以避免电子短路。

（3）**化学稳定性** 质子交换膜需要在燃料电池的工作环境下保持化学稳定性，以防止膜的退化和损坏。

（4）**机械强度** 质子交换膜应具有足够的机械强度，以抵抗应力和变形，同时保持薄膜的完整性。

质子交换膜的研发和改进对于燃料电池技术的发展至关重要，它可以提高燃料电池的效率、稳定性和可靠性，促进清洁能源的应用和可持续发展。

2-4 质子交换膜有什么作用?

质子交换膜在燃料电池中的位置如图2-2所示，它具有以下作用。

① 为质子（H^+）传递提供通道，质子传导率越高，膜的内阻越小，燃料电池的效率越高。

② 为阳极和阴极提供隔离，阻止阳极的燃料（H_2）和阴极的氧化剂（O_2或空气）直接混合发生化学反应。

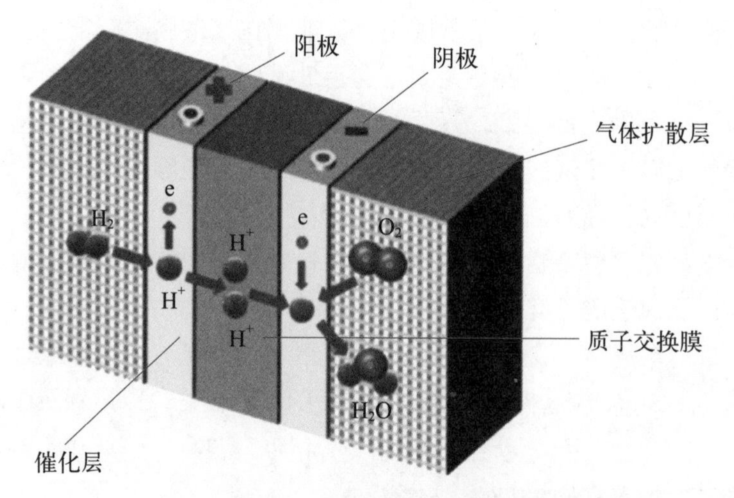

图2-2　质子交换膜在燃料电池中的位置

③ 作为电子绝缘体，阻止电子（e）在膜内传导，从而使燃料氧化后释放出的电子只能由阳极通过外线路向阴极流动，产生外部电流以供使用。

质子交换膜与一般化学电源中使用的隔膜有很大不同，它不仅是一种隔离阴阳极反应气体的隔膜材料，而且是电解质和电极活性物质（电催化剂）的基底，即兼有隔膜和电解质的作用；另外，质子交换膜还是一种选择透过性膜，在一定的温度和湿度条件下具有可选择的透过性，在质子交换膜的高分子结构中，含有多种离子基团，它只允许氢离子（氢质子）透过，而不允许氢分子及其他离子透过。

2-5 质子交换膜有哪些要求?

质子交换膜是氢燃料电池中的核心部件之一，它和电极一起决定了整个氢燃料电池的性能、寿命和价格。用于氢燃料电池的质子交换膜必须满足以下要求。

① 质子传导率高，可以降低燃料电池内阻，提高电流密度。

② 较好的稳定性，包括物理稳定性和化学稳定性，阻止聚合物链降解，提高燃料电池耐久性。

③ 较低的气体渗透率，防止氢气和氧气在电极表面发生反应，造成电极局部过热，影响电池的电流效率。

④ 良好的力学性能，适合膜电极的制备组装，以及工作环境变化引

起的尺寸形变。

⑤ 较低的尺寸变化率，防止膜吸水和脱水过程中的膨胀及收缩引起的局部应力增大造成膜与电极剥离。

⑥ 适当的性价比。目前，氢燃料电池在成本上尚未与内燃机汽车和纯电动汽车持平，这在很大程度上是由于其尚未实现规模经济效应，且用于制造质子交换膜的原材料成本较高所导致的。

目前同时满足以上所有条件的膜材料只有商业化的全氟化磺酸膜。

2-6 质子交换膜的性能指标有哪些？

质子交换膜的物理、电化学性质对燃料电池的性能具有极大的影响，对燃料电池性能造成影响的质子交换膜的物理性质主要有膜的厚度和单位面积质量、膜的机械强度、膜的透气率、膜的溶胀率和吸水率等；质子交换膜的电化学性质主要表现在膜的导电性能（电阻率、面电阻、电导率）和选择通过性（透过性参数）上。

质子交换膜的性能指标主要有膜的厚度均匀性、质子传导率、离子交换当量、透气率、拉伸性能、弹性模量、溶胀率和吸水率等。

（1）厚度均匀性　质子交换膜的厚度及其均匀性属于成品参数。质子交换膜的厚度与膜的电阻成正比，降低膜的厚度，有利于提高膜的电导率和电池的工作电压。另外，随着膜厚度的减小，可以使阴极生成的水与阳极侧膜中所含的水形成较大的浓度梯度，使阴极生成的水便于向阳极迁移，有利于解决膜的干涸问题，从而阻止电池性能和膜使用寿命的下降。但是，膜的厚度过小，会引起燃料的渗漏和膜的机械强度下降，影响膜的工作寿命。

燃料电池对质子交换膜的厚度要求是在满足性能要求的前提下尽量做薄，而且要求均匀，以便降低内阻，提高电池性能。

膜的厚度均匀性可以降低膜的电阻，提高电池的工作电压和能量密度；如果厚度不均匀，会影响膜的抗拉强度，甚至引起氢气的泄漏而导致电池失效。

（2）质子传导率　质子传导率是指膜传导质子的能力，是电阻率的倒数，用西门子每厘米（S/cm）来表示。质子传导率是衡量膜的质子导通能力的一项电化学指标，它反映了质子在膜内迁移速度的大小。只有具备良好的质子传导性能，才可以保证较高的电流密度和电池工作效率。

（3）离子交换当量 离子交换当量是指每摩尔离子基团所含干膜的质量（g/mol）。它与表示离子交换能力大小的离子交换容量成倒数关系，体现了质子交换膜内的酸浓度。酸浓度越低，质子交换膜的质子传导率越高，内电阻越小，利用其制备得到的燃料电池性能越好。

（4）透气率 透气率包括气体透过率和气体透过系数。气体透过率是指在恒定温度和单位压力差下，稳定透过时，单位时间内透过试样单位面积的气体的体积［$cm^3/(m^2 \cdot d \cdot Pa)$］；气体透过系数是指恒定温度和单位压力差下，稳定透过时，单位时间内透过试样单位厚度、单位面积的气体的体积［$cm^3 \cdot cm/(cm^2 \cdot s \cdot Pa)$］。

作为燃料电池用的质子交换膜应具有较低的透气率，起阻隔燃料和氧化剂的作用，防止氢气和氧气在电极表面发生反应，影响燃料电池的性能和寿命。

（5）拉伸性能 拉伸性能包括抗拉强度和断裂拉伸应变。抗拉强度是指在给定温度、湿度和拉伸速度下，在标准膜试样上施加拉伸力，试样断裂前所承受的最大拉伸力与膜厚度乘以宽度的比值（MPa）。断裂拉伸应变是指试样发生裂变时，原始标距单位长度的增量。

在燃料电池运行时，质子交换膜的两侧总要承受一定的压力波动。膜的机械强度过小，可能造成膜的破裂，进而引起燃料的渗漏，从而造成危险。膜的强度与厚度成正比，同时也与膜工作的环境有关，湿膜的强度大大低于干膜的强度。提高膜的强度，可以保证膜能承受在燃料电池运行中的不均匀的机械压力，从而保证燃料电池工作的稳定性。

（6）弹性模量 弹性模量是指质子交换膜中，应力-应变曲线上初始直线部分的斜率。它包括横向拉伸弹性模量和纵向拉伸弹性模量。横向拉伸弹性模量是表示平行于膜卷轴向的膜的拉伸弹性模量；纵向拉伸弹性模量是表示垂直于膜卷轴向的膜的拉伸弹性模量。

（7）溶胀率 溶胀率是指在给定温度和湿度下，相对于干膜在横向、纵向和厚度方向的尺寸变化（%）。

膜中离子基团含量的多少、交联类型、交联程度和温度都会对质子交换膜的溶胀率产生一定的影响。膜的溶胀率过大，使膜易发生变形，从而使质子交换膜皲裂，进而影响燃料电池的性能。

（8）吸水率 吸水率是指在给定温度和湿度下，单位质量干膜的吸水量，单位为%（质量分数）。

吸水率不仅影响质子交换膜的质子传导性能，也会影响氧气在质子交换膜中的渗透扩散。燃料电池对质子交换膜的吸水率要求适中，且具有良好的干-湿转换性。因为燃料电池在加工过程中会使质子交换膜失去水分，而在燃料电池的运行过程中，为了获得最大的质子传导率，质子交换膜要在全湿状态下工作。

2-7 质子交换膜的改性方法主要有哪些？

氢燃料电池想要获得更快的发展，就需要寻找高性能的质子交换膜材料。无氟磺化芳香族聚合物的质子传导率高，热稳定性、力学性能和化学稳定性优异，并且抗氧化能力强，材料成本较为低廉。因此，无氟磺化芳香族聚合物被广泛研究。然而，无氟磺化芳香族聚合物的质子电导率主要取决于其磺化度，但是磺化度的过度提升会导致膜的力学性能下降。因此，为了满足质子交换膜材料的要求，需要对现有的无氟磺化芳香族质子交换膜材料进行改性。常见的改性方法有交联改性、酸/碱复合改性、有机-无机改性。

（1）交联改性 交联改性是一种通过使用交联剂引发基团反应，建立交联网络的方法。交联改性不仅可以减少燃料的渗透，而且可以抑制膜的膨胀度。在复合膜中，膜的各项性能都得到了提升，如优异的热稳定性、良好的力学性能和优异的抗氧化性。然而，交联度过高会导致膜的脆性增强，力学性能下降，引发许多不良后果。因此，在交联过程中需要对交联度进行严格的把控。

（2）酸/碱复合改性 酸/碱复合改性是一种将含酸性基团的聚合物与含碱性基团的聚合物结合的简单方法。虽然质子交换膜通过酸/碱复合改性后，膜尺寸稳定性和燃料渗透性均得到了较好的改善，但是，酸性和碱性两种聚合物存在相容性差等问题，导致复合膜的微相结构不稳定，直接影响其质子传导率，限制其进一步的应用。

（3）有机-无机改性 有机-无机改性是质子交换膜改性最常见的研究方法之一。利用无机物本身具有较好的热稳定性和化学稳定性，将其引入聚合物基质中，可以改善膜的性能，通常使用无机颗粒，如二氧化钛（TiO_2）、二氧化锆（ZrO_2）、碳纳米管和二氧化硅（SiO_2）作为填料。

2-8 什么是电催化剂?

电催化剂是指加速电极反应过程但本身不被消耗的物质，它是质子交换膜燃料电池的关键材料之一，直接影响燃料电池的性能，也简称为催化剂。催化剂在反应前后不发生任何变化，不出现在反应式中，却能加快反应速率。

催化剂是氢燃料电池的另一项核心技术。图2-3所示为催化层的微观结构示意。质子交换膜燃料电池的阳极反应为氢的氧化反应，阴极反应为氧的还原反应。为了加快电化学反应的速率，气体扩散电极上都含有一定量的催化剂。催化剂包括阴极催化剂和阳极催化剂。对阴极催化剂的要求是足够的催化活性和稳定性。阳极催化剂的选用原则与阴极催化剂的选用原则是相似的，但阳极催化剂应具有抗CO中毒的能力。

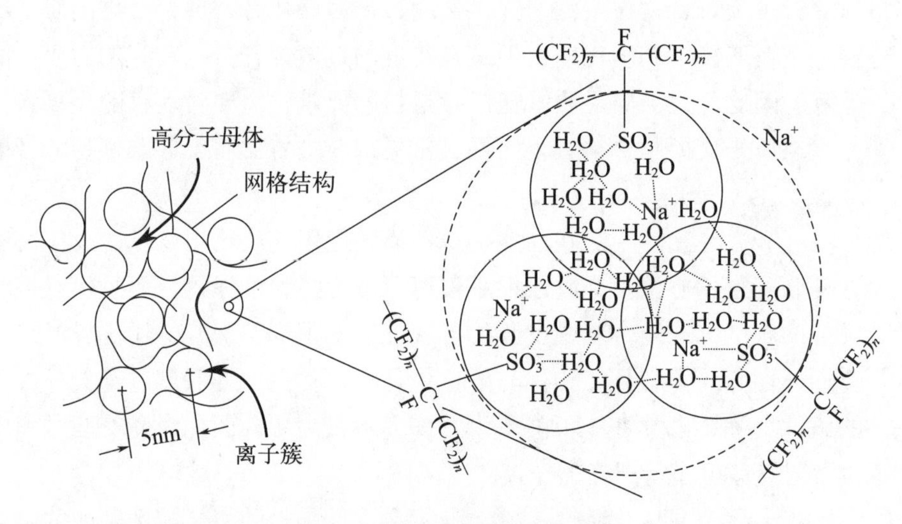

图2-3　催化层的微观结构示意

2-9 电催化剂主要有哪些类型?

氢燃料电池的电催化剂分为非贵金属催化剂和贵金属催化剂。

（1）非贵金属催化剂　非贵金属催化剂是指不含任何贵金属成分的催化剂，贵金属元素包括锇（Os）、铱（Ir）、钌（Ru）、铑（Rh）、铂（Pt）、钯（Pd）、金（Au）、银（Ag）。

非贵金属催化剂的研究主要包括过渡金属原子簇合物、过渡金属螯合物、过渡金属氮化物与碳化物等。在这方面，各种杂原子掺杂的纳米碳材料成为研究热点，如氮掺杂的非贵金属催化剂显示了较好的应用前景。

非贵金属催化剂价格较贵金属便宜，但催化活性较低。

（2）**贵金属催化剂**　贵金属催化剂主要包括Pt/C催化剂和铂合金催化剂。Pt/C催化剂是氢燃料电池常用的电催化剂，图2-4所示为某企业生产的Pt/C催化剂，其组成（质量分数）为40%Pt，60%C；电化学活性面积为85m²/g；粒径为2.8nm。Pt/C催化剂是将铂负载到活性炭上的一种载体催化剂，主要用于燃料电池的氢气氧化、甲醇氧化、甲酸氧化以及氧气还原等化学反应，属于十分常见的贵金属催化剂。

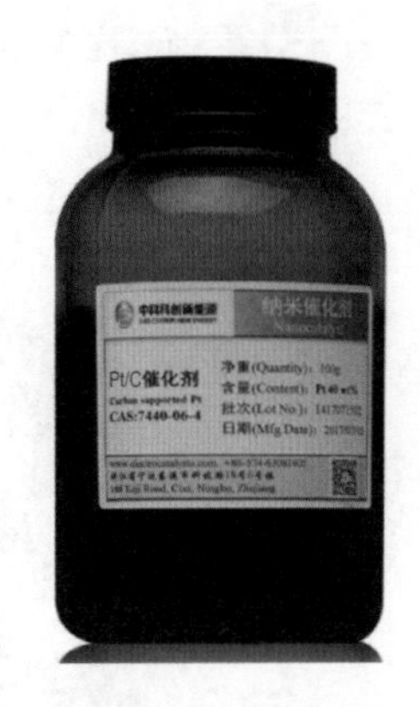

图2-4　某企业生产的Pt/C催化剂

铂合金（Pt-Co/C、Pt-Fe/C、Pt-Ni/C等）催化剂，在提高稳定性的同时，也能提高质量比活性，还可降低贵金属的用量。

Pt/C催化剂和铂合金催化剂的比较见表2-1。

表2-1　Pt/C催化剂和铂合金催化剂的比较

类型	构成	特点
Pt/C催化剂	Pt/C催化剂是将Pt的纳米颗粒分散在炭粉载体上的搭载性催化剂；Pt含量为20% ~ 70%	优势：选择性及活性更高，使用寿命长；可在低温低压及常温常压下进行催化，使用场景更广；可以回收提纯再加工；稳定性强且耐腐蚀 瓶颈：贵金属含量多，成本更高；贵金属催化剂易中毒
铂合金催化剂	通过加入铁、钴、镍等金属元素，与铂结合形成核壳结构；例如铂钴（Pt-Co）催化剂，外层的纯铂包裹着由铂原子和钴原子交替形成的核心，有较好的活性及耐久性，显著降低了铂的含量	优势：稳定性及活性高；降低了贵金属用量，成本低；通过掺杂金属元素可以解决催化剂中毒现象 瓶颈：稳定性和耐腐蚀性较差

贵金属催化剂的起燃温度低，活性高，在较高的温度下易烧结，因升华而导致活性组分流失，使活性降低，而且贵金属资源有限，价格昂贵，难以大规模使用。但其在低温时的催化活性是其他催化剂不能比的，所以现在还用于氢燃料电池的催化剂。

燃料电池的催化剂有别于普通的催化剂，对于催化的活性、稳定性和耐久性的指标，要高于普通催化剂。以现有技术来实现电池阴极的氧化还原反应，需要大量使用贵金属铂作为电催化剂。

2-10 电催化剂有哪些作用?

电催化剂在燃料电池中的位置是位于质子交换膜两侧，如图2-5所示。

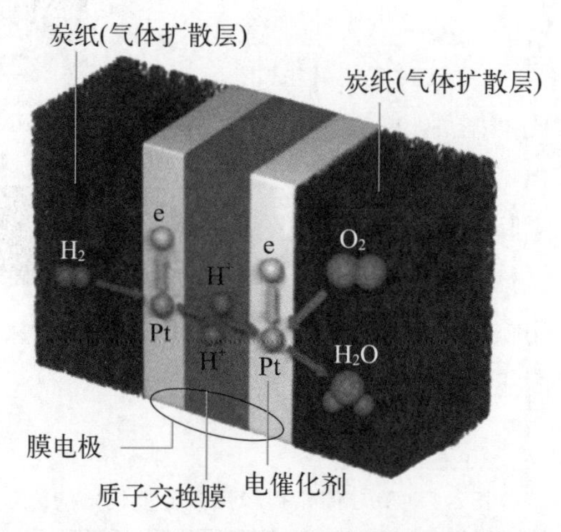

图2-5　电催化剂在燃料电池中的位置

电催化剂的主要作用是加快膜电极电化学反应速率。由于燃料电池的低运行温度，以及电解质酸性的本质，故需要贵金属催化剂。

电催化剂按作用部位可分为阴极催化剂和阳极催化剂两类。氢燃料电池的阳极反应为氢的氧化反应，阴极反应为氧的还原反应。因氧的催化还原作用比氢的催化氧化作用更为困难，所以阴极是最关键的电极。

阳极催化层和阴极催化层是膜电极最重要的部分，阳极使用催化剂促进氢的氧化反应，涉及氢气的氧化反应、氢气扩散、电子运动、质子运动、水的迁移等多种过程；阴极使用催化剂促进氧的还原反应，涉及氧气的还原、氧气扩散、电子运动、质子运动、反应生成的水的排出等。

2-11 电催化剂有哪些要求?

燃料电池对催化剂的要求是具有足够的催化活性和稳定性，阳极催化剂还应具有抗一氧化碳（CO）中毒的能力，对于使用烃类燃料重整的氢燃料电池发电系统的阳极催化剂系统尤其应注意这个问题。由于氢燃料电池的工作温度低于100℃，因此目前只有贵金属催化剂对氢气氧化和氧气还原反应表现出了足够的催化活性。现在所用的最有效催化剂是铂或铂合金催化剂，它对氢气氧化和氧气还原都具有非常好的催化能力，且可以长期稳定工作。由于燃料电池是在低温条件下工作的，因此，提高催化剂的活性，防止电极催化剂中毒很重要。

催化剂中毒是指反应过程中的一些中间产物，覆盖在催化剂上面，致使催化剂的活性、选择性明显下降或丧失的现象。中毒现象的本质是微量杂质和催化剂活性中心的某种物质产生化学反应，形成没有活性的物质。

铂作为燃料电池的催化剂，具有以下不足。

① 铂资源匮乏。

② 铂是一种贵金属，价格昂贵，这也使得燃料电池成本居高不下，进而影响其商业化与推广普及。

③ 抗毒能力差。铂基催化剂与燃料氢气中的一氧化碳、硫等物质发生反应会导致其失去活性，无法再发挥催化作用，进而导致燃料电池堆寿命缩减。

由于铂的价格昂贵，资源匮乏，造成燃料电池成本很高，大大限制了其广泛的应用。这样，降低贵金属催化剂用量，寻求廉价催化剂，提高电催化剂性能，成为电催化剂研究的主要目标。

降低铂载量主要有以下研究途径。

① 提高催化剂的催化活性来实现铂用量降低。主要研究方向包括：铂合金催化剂［利用过渡金属催化剂提高其稳定性、质量比活性，包括铂钴炭（Pt-Co/C）、铂铁炭（Pt-Fe/C）、铂镍炭（Pt-Ni/C）等二元合金催化剂］；铂单原子层催化剂（铂单原子层的核壳结构）；铂核壳催化剂（以非铂材料为支撑核、表面壳为贵金属，由金属合金通过化学或电化学反应，去除活性较高的金属元素，保留活性较低的铂元素）；纳米结构铂催化剂（以碳纳米管为催化剂载体的催化剂，是高度有序的催化层，

质子、电子、气体可以更快传输）。

② 寻找替代铂的催化剂，其研究主要包括过渡金属原子簇合物、过渡金属氮化物等。

良好的催化剂应该具有良好的催化活性、高质子传导率、高电子传导率和良好的水管理能力、气体扩散能力。超低铂、无铂催化剂是未来的发展方向。

2-12 电催化剂的性能指标有哪些?

表征电催化剂性能的主要指标有铂含量、电化学活性面积、粒径、晶体结构和堆密度等。

（1）铂含量 铂金属因其储量稀有，价格高昂，催化剂的材料成本很难通过量产规模化来降低，而只能通过技术革新来实现。未来技术将着重于进一步降低铂用量、增强耐久性以及开发非铂催化剂，通过降低对贵金属的依赖，大幅度降低成本。

（2）电化学活性面积 电化学活性面积是指用电化学方法测得的催化剂的有效活性比表面积（m^2/g），它表示催化剂参加电化学反应的催化活性位的多少。

（3）粒径 与传统化工用铂炭催化剂（铂载量低于5%）不同，用在燃料电池的铂炭催化剂，铂载量一般高达20%，要求铂纳米颗粒粒径为2 ~ 5nm，粒径分布窄，在炭上分散均匀，不含有害杂质，这样催化剂就能具有较好的催化活性和稳定性。但是由于2 ~ 5nm的铂颗粒的表面能非常大，很容易团聚，因此制备铂炭催化剂的工艺难度非常大，这也是目前催化剂规模化制备研究的难点和重点。

（4）晶体结构 晶体结构即晶体的微观结构，是指晶体中实际质点（原子、离子或分子）的具体排列情况。铂炭催化剂都以结晶状态使用，晶体结构是决定铂炭催化剂的物理、化学和力学性能的基本因素之一。

（5）堆密度 堆密度是指单位体积（含物质颗粒固体及其闭口、开口孔隙体积及颗粒间空隙体积）物质颗粒的质量。它是表示催化剂密度的一种方式，是大群催化剂颗粒堆积在一起时的密度，包括颗粒与颗粒之间的空隙在内。堆密度与颗粒堆积方式有关，从疏松状态到沉降状态再到密实状态，堆密度逐渐增大。

2-13 什么是气体扩散层?

气体扩散层扮演燃料电池膜电极与双极板之间沟通的桥梁角色，其作用是支撑催化层、稳定电极结构，并具有质/热/电的传递功能，同时为电极反应提供气体、质子、电子和水等多个通道。

气体扩散层主要由两部分组成，分别是大孔隙的基底层和小孔隙的微孔层，如图2-6所示。其中基底层为微孔层和催化层提供支撑作用，微孔层则改善了基底层与催化层之间的接触界面。

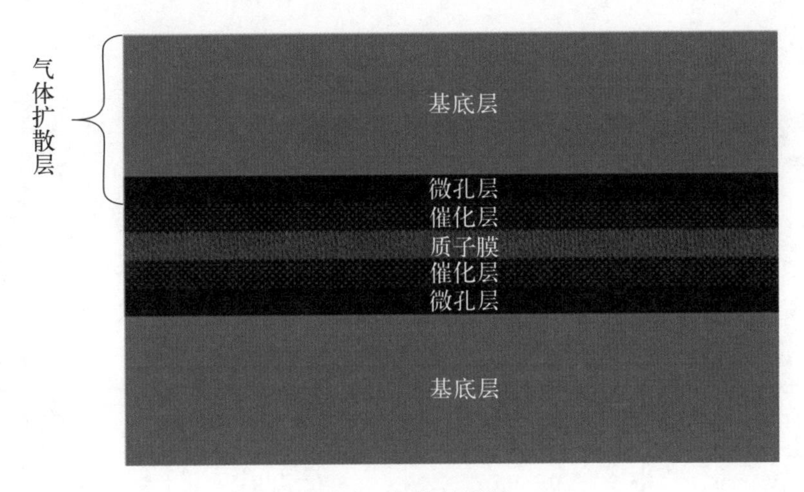

图2-6 气体扩散层

基底层是气体扩散层最主要的部分，要求孔隙率高、孔径大、导电性良好，同时具备足够的机械强度。构成基底层的材料主要是一些炭材料，比如炭布、炭纸、无纺布及炭黑纸，这类材料孔隙率高，一般能达到70%以上；孔径较大，为50 ~ 150μm。也有使用非炭的金属材料，比如泡沫金属或金属网。

基底层直接与催化层接触，会减小有效接触面积，进而导致接触面电阻增大；另外，催化层中的催化剂颗粒有可能脱落，堵塞在孔隙中，造成催化有效面积降低，并减少气体孔隙度。所以，需要在基底层和催化层之间涂覆一层微孔层用于改善基底层和催化层之间的界面。

微孔层一般由炭黑粉和聚四氟乙烯混合制备而成，再通过热压、喷涂、印刷等方式固定在基底层上，形成小气孔结构。微孔层的孔径小，一般为5~50μm级别，可以有效阻止制备过程中催化层内的催化剂颗粒脱落后堵塞气体孔道。微孔层平整度比基底层高，作为中间过渡层，可以有效提高与催化层之间的接触面积，降低界面电阻，改善界面电化学反应。

另外，微孔层的存在还有利于改善水管理。微孔层和基底层的孔径不同，会形成孔径梯度，在气体扩散层两侧形成压力梯度，迫使水分从催化层向气体扩散层传输，阻碍液态水在催化层表面凝聚，从而防止催化层水淹。一个性能优异的微孔层，可以降低对基底层的要求，即便基底层的性能差别较大，只要保证微孔层一致，也能获得相近的排水导气性能。

2-14 气体扩散层的材料主要有哪些?

常用于氢燃料电池电极中的气体扩散层材料有炭纸、炭布、炭黑纸及无纺布等，也有利用泡沫金属、金属网等来制备的。

炭纸、炭布和炭黑纸的比较见表2-2。

表2-2 炭纸、炭布和炭黑纸的比较

参数	炭纸	炭布	炭黑纸
厚度/mm	0.2~0.3	0.1~1.0	<0.5
密度/（g/cm^3）	0.4~0.5	不适用	0.35
强度/MPa	16~18	3000	不适用
电阻率/（Ω·cm）	0.02~0.10	不适用	0.5
透气性/%	70~80	60~90	70

炭纸凭借制造工艺成熟、性能稳定、成本相对低和适于再加工等优点，成为目前商业化的气体扩散层首选材料。

炭纸是把均匀分散的碳纤维黏结在一起后而形成的多孔纸状型材，如图2-7所示。

图2-7 炭纸

2-15 气体扩散层有哪些作用?

燃料电池的气体扩散层位于双极板和催化层之间，不仅起着支撑催化层、稳定膜电极结构的作用，还承担着为膜电极反应提供气体通道、电子通道和排水通道等多重任务。气体扩散层在燃料电池中的位置如图2-8所示。

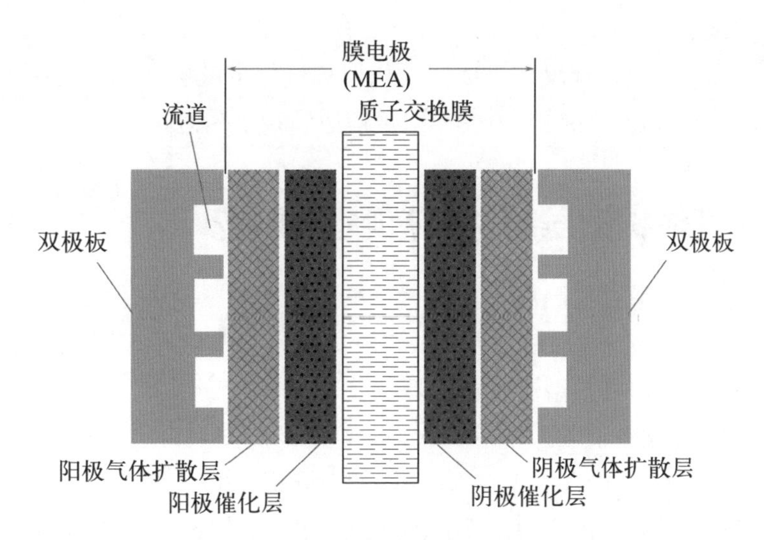

图2-8 气体扩散层在燃料电池中的位置

燃料电池的气体扩散层具有以下主要作用。

（1）导气排水功能 在燃料电池的膜电极中，气体扩散层主要起到传输气体和水分的作用，负责将双极板中的氢气和氧气引导到催化层中，为催化层提供足够的气体用于反应；同时将催化层中生成的水传递到双极板，防止生成物在催化层中堆积，阻碍反应的进一步进行，也就是“水淹”。所以气体扩散层必须是多孔的材料，具备良好的透气性和良好的排水特性。

（2）**导电及支撑功能**　气体扩散层需要具有良好的电子导电性，这样从催化层中生成的电子才能顺利地穿过气体扩散层，移动到双极板上。除了这些主要功能之外，气体扩散层还为膜电极提供了一定的支撑强度。气体扩散层是膜电极中厚度最厚的部分，通常大于100μm。

现在的气体扩散层主要是以炭纸作为原材料，孔隙率为60% ~ 80%，经过疏水处理后形成亲水性孔道和疏水性孔道，亲水性孔道可以将催化层中的水引导到双极板中，而疏水性孔道则为气体扩散提供传输路径。

气体扩散层的主要作用就是分配气体和水分。为了达到这个目的，必须对气体扩散层进行疏水性处理，通常使用聚四氟乙烯进行表面处理，否则全部孔道都会形成水膜，被水分堵塞，气体将无法进入催化层。聚四氟乙烯通常只能进入较大的孔隙，所以大孔径的间隙会被覆盖上聚四氟乙烯，形成疏水表面，构成气体通道；而小孔径的间隙则构成水分通道。

水分要顺利排出，需要在催化层和气体扩散层之间形成压力，产生毛细力，水分会在毛细力的作用下渗透到亲水孔道内。

2-16 气体扩散层对材料有哪些要求?

气体扩散层材料的性能直接影响着电化学反应的进行和燃料电池的工作效率。选用高性能的气体扩散层材料，有利于改善电池的综合性能。理想的气体扩散层材料应具备以下要求。

① 适宜的孔隙率和孔径分布。气体扩散层的孔隙多集中分布在0.03 ~ 300μm之间，其中直径小于20μm的孔占总孔体积的80%。另外，可以将气体扩散层中的孔分为微孔（0.03 ~ 0.06μm）、中孔（0.06 ~ 5μm）和大孔（5 ~ 20μm）。气体扩散层必须同时控制水的进入/流出电极和提高反应气体透过率，微孔可以传递凝结水，而大孔对缓解水淹时的传质受限有贡献。当小孔被水填满时，大孔可提供气体传

递的通道，但接触电阻较大。气体扩散层较大的孔隙率会导致较高的电流密度，在一定程度上会使电池性能提高，但高孔隙率伴随着气体扩散层被水淹，又会显著降低电池的电压。大孔有利于反应气体有效扩散到催化层，但不利于其对微孔层的支撑，催化剂和炭粉易于从大孔上脱落，降低催化剂利用率，不利于电流的传导，降低材料的导电性。

② 良好的导电性。低的电阻率，赋予它高的电子传导能力；炭纸的电阻包括平行于炭纸平面方向的面电阻、垂直于炭纸平面方向的体电阻、催化剂与气体扩散层间的接触电阻；良好的导电性要求炭纸结构紧密且表面平整，以减小接触电阻，进而提高其导电性能。

③ 具有一定的机械强度，有利于电极的制作和提供长期操作条件下电极结构的稳定性。

④ 具有化学稳定性和热稳定性，以保证电池温度均匀分布和散热，在一定载荷下不发生蠕变，维持一定的力学性能。

⑤ 合适的制造成本，高的性价比。

2-17 气体扩散层应具备哪些特征？

气体扩散层应具备以下特征。

（1）**亲疏水性**　一定的亲水性能保证全氟化磺酸膜能够处于一个比较湿润的状态，一定的疏水性可确保产生的水能够及时排出，并不会使催化剂产生明显的“水淹”。

（2）**孔隙度**　一般气体扩散层中孔的尺寸为1 ~ 100μm。较大的孔具有较好的传质效果以及水的传输通路。

（3）**渗透性**　在氢燃料电池运行过程中会产生液态水。催化层与微孔层之间存在水的交换，且水必须从催化层传递到微孔层，并进一步传递到气体扩散层的外侧。

（4）**电子传递**　气体扩散层收集电子并将电子进一步传输到集流板，因此需要较小的电阻，减小电子在传递过程中的阻力。

（5）**压缩性**　气体扩散层上的压缩量影响接触电阻、孔隙率、液态水所占孔隙率，最终影响氢燃料电池的性能。

（6）**结构**　结构在定义气体扩散层功能方面起着决定性作用。在结构上，气体扩散层从远离催化层的一侧到靠近催化层的一侧具有梯度孔，而且这种孔的尺寸越来越小。

目前，关于气体扩散层的研究工作多集中在改善和优化气体扩散层上述所提及的性质方面，如通过浸渍聚四氟乙烯和Nafion乳液改善气体扩散层的亲疏水性。

2-18 气体扩散层的性能指标有哪些？

气体扩散层（炭纸）的性能指标主要有厚度均匀性、电阻率、机械强度、透气率、孔隙率、表观密度、面密度和表面粗糙度等。

（1）**厚度均匀性** 炭纸的厚度要适当，且要分布均匀。如果炭纸厚度较大，则透气性不好；如果炭纸厚度过薄，则机械强度不高。炭纸的透气性随厚度的增加呈下降趋势，厚度为170μm的炭纸的透气性比厚度为110μm的炭纸的透气性降低近60%，这说明炭纸厚度是影响其透气性的重要参数。炭纸的厚度一般为0.1 ~ 0.3mm。

炭纸的厚度均匀性用平均厚度、厚度标准偏差和厚度离散系数评价。

（2）**电阻率** 炭纸的电阻率越低，其电子传导能力越强。炭纸的电阻率分为垂直方向电阻率和平面方向电阻率。垂直方向电阻率是指炭纸厚度方向的电阻率（mΩ · cm）；平面方向的电阻率是指炭纸平面方向的电阻率（mΩ · cm）。炭纸的电阻率一般为0.02 ~ 0.1Ω · cm。

（3）**机械强度** 燃料电池要求炭纸具有一定的机械强度，用拉伸强度、弯曲强度和压缩率来评价。

（4）**透气率** 透气率是指在恒定温度下，单位压差、单位时间气体透过单位厚度、单位面积样品上的气体体积［mL · mm/（cm^2 · h · mmHg）］（1mmHg=133.322Pa，下同）。

（5）**孔隙率** 孔隙率是指炭纸孔隙体积占总体积的比例（%）。燃料电池要求炭纸具有适宜的孔隙率。

（6）**表观密度** 表观密度是指炭纸质量与表观体积的比值（g/cm^3）。炭纸的表观密度一般为0.4 ~ 0.45g/cm^3。

（7）**面密度** 面密度是指炭纸质量与表观面积的比值（g/cm^2）。

（8）**表面粗糙度** 表面粗糙度是指炭纸表面微小峰谷的微观不平度。炭纸的表面粗糙度可以用炭纸的轮廓算术平均偏差、平均轮廓算术平均偏差、轮廓最大高度和平均轮廓最大高度来评价。

2-19 什么是膜电极?

膜电极是燃料电池的电化学反应场所，是燃料电池的核心部件，有燃料电池“心脏”之称，它的设计和制备对燃料电池性能与稳定性起着决定性作用。

膜电极是由质子交换膜和分别置于其两侧的催化层及气体扩散层通过一定的工艺组合在一起构成的组件，如图2-9所示。质子交换膜的作用是隔离燃料与氧化剂、传递质子；催化层的作用是降低反应的活化能（活化能是指分子从常态转变为容易发生化学反应的活跃状态所需要的能量），促进氢、氧在电极上的氧化还原过程，提高反应速率；气体扩散层的作用是支撑催化层、稳定电池结构，并具有质/热/电的传递功能。为了方便燃料电池堆的堆叠组装工艺批量化、高效进行，膜电极通常还包括外侧的边框。边框具有一定的厚度和强度，以便与极板之间通过密封垫圈等形式实现密封，将氢气、空气、冷却剂与燃料电池堆外部环境相互隔离。密封垫圈可布置在膜电极的边框上，也可布置在极板上。

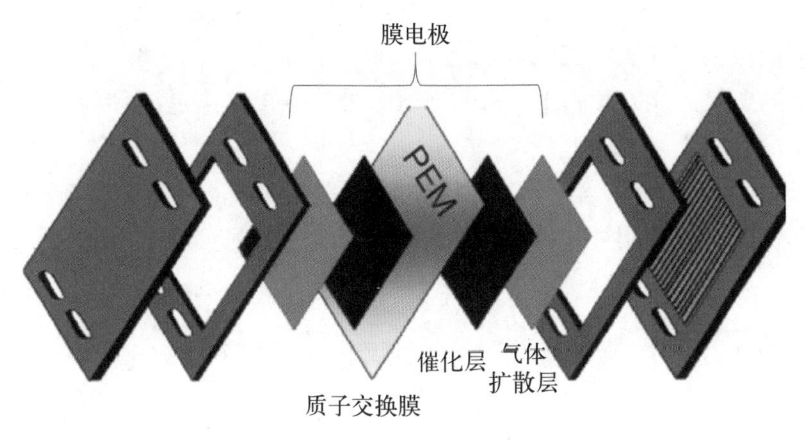

图2-9 膜电极

2-20 膜电极有哪些作用?

膜电极是燃料电池发电的关键核心部件，膜电极与其两侧的双极板组成了燃料电池的基本单元——燃料电池单电池。在实际应用中可以根据设计的需要将多个单电池组合成为燃料电池堆，以满足不同大小功率输出的需要。图2-10所示为由膜电极与极板组成的燃料电池单体结构示意。

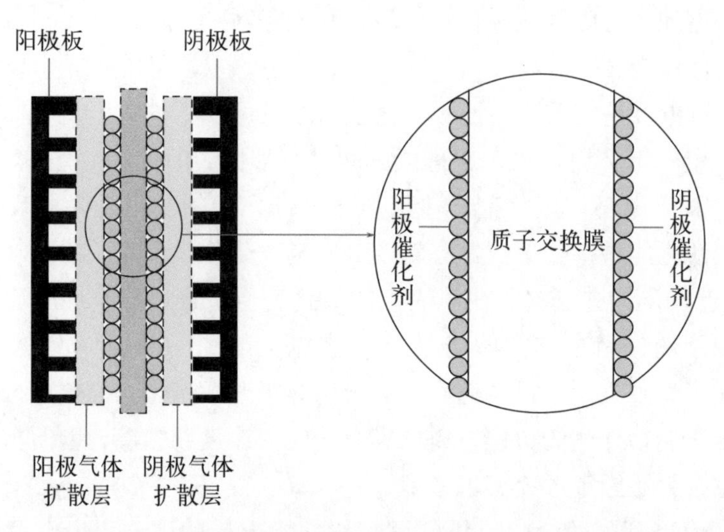

图2-10　由膜电极与极板组成的燃料电池单体结构示意

氢气通过阳极极板上的气体流场到达阳极，通过电极上的阳极气体扩散层到达并吸附在阳极催化层，氢气在催化剂铂的催化作用下分解为2个氢离子，即质子H^+，并释放出2个电子，这个过程称为氢的阳极氧化过程。

在电池的另一端，氧气或空气通过阴极极板上的气体流场到达阴极，通过电极上的阴极气体扩散层到达并吸附在阴极催化层，同时，氢离子穿过电解质到达阴极，电子通过外电路也到达阴极。在阴极催化剂的作用下，氧气与氢离子和电子发生反应生成水，这个过程称为氧的阴极还原过程。

与此同时，电子在外电路的连接下形成电流，通过适当连接可以向负载输出电能，生成的水通过电极随反应尾气排出。

2-21 燃料电池对膜电极有哪些要求?

燃料电池对膜电极有以下要求。

① 能够最大限度减小气体的传输阻力，使得反应气体顺利由气体扩

散层到达催化层并发生电化学反应，即最大限度发挥单位面积和单位质量的催化剂的反应活性。因此，气体扩散电极必须具备适当的疏水性，一方面保证反应气体能够顺利经过最短的通道到达催化层，另一方面确保生成的产物水能够润湿膜，同时多余的水可以排出，防止阻塞气体通道。

② 形成良好的离子通道，降低离子传输的阻力。氢燃料电池采用的是固体电解质，磺酸根固定在离子交换膜树脂上，不会浸入电极内，因此必须确保反应在电极催化层内建立质子通道。

③ 形成良好的电子通道。膜电极中炭载铂催化剂是电子的良导体，但是催化层和气体扩散层的存在将在一定程度上影响电导率，在满足离子和气体传导的基础上还要考虑电子传导能力，以提高膜电极的整体性能。

④ 气体扩散电极应该保证良好的机械强度及导热性。

⑤ 膜具有高的质子传导性，能够很好地隔绝氢气和氧气，防止互窜，有很好的化学稳定性、热稳定性及抗水解性。

2-22 如何根据膜电极的制备工艺进行分类?

目前，膜电极的制备工艺已经发展了三代。

第一代的膜电极制备工艺主要采用热压法，如图2-11所示，具体是将催化剂浆料涂覆在气体扩散层上，构成阳极和阴极催化层，再将其和质子交换膜通过热压结合在一起，形成的这种膜电极称为气体扩散电极（gas diffusion electrode，GDE）结构膜电极。该技术的优点在于膜电极的通气性能良好，制备过程中质子交换膜不易变形；缺点是催化剂涂覆在气体扩散层上，易通过孔隙嵌入气体扩散层内部，造成催化剂的利用率下降，并且热压黏合后的催化层和质子交换膜之间黏力较差，导致膜电极总体性能不高。

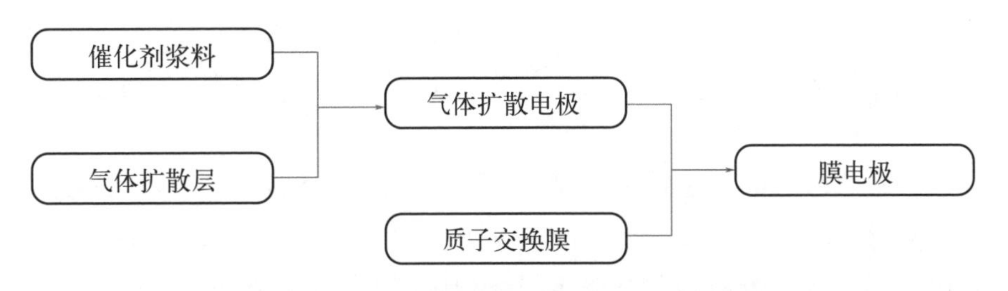

图2-11　第一代热压法制取膜电极工艺流程

第二代的膜电极制备技术是催化剂直接涂膜（catalyst coated membrane, CCM）技术，如图2-12所示，具体是将催化剂直接涂覆（利用含全氟化磺酸树脂的黏合剂）在质子交换膜的两侧，再通过热压的方式将其和气体扩散层结合在一起形成CCM结构膜电极。该技术提高了催化剂的利用率，并且由于使用质子交换膜的核心材料作为黏结剂，所以催化层和质子交换膜之间的阻力降低，提高了氢离子在催化层的扩散和运动，从而提高性能，是目前的主流应用技术。

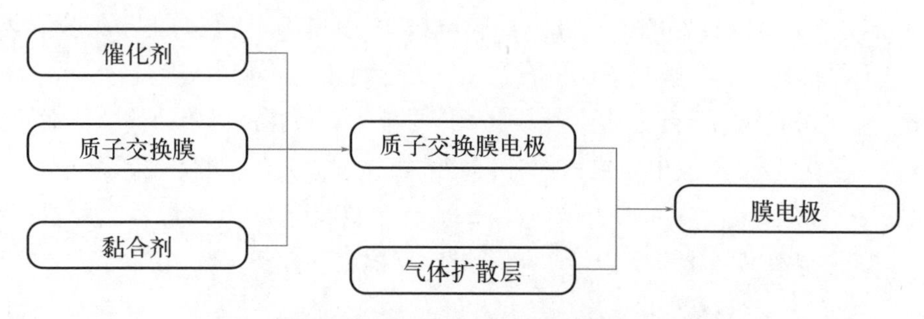

图2-12　第二代直接涂膜法制取膜电极工艺流程

近年来，随着燃料电池电动汽车产业的发展，业内对膜电极的性能提出越来越高的要求，第二代膜电极制取方法还存在着反应过程中催化层结构不稳定、铂颗粒易脱落的问题，影响着膜电极的使用寿命。针对该现象，各大研究机构结合高分子材料技术及纳米材料技术，向催化层的有序化方向发展，制成的有序化膜电极具有优良的多相传质通道，大幅度降低了膜电极中催化剂铂的载量，并提升了膜电极的性能和使用寿命。

第三代膜电极是有序化膜电极，是指把铂催化剂制备到有序化的纳米结构上，使电极呈有序化结构，获得坚固、完整的催化层，该方法进一步提高了燃料电池性能，降低了催化剂的铂载量。

结合纳米材料技术的有序化膜电极主要分为二氧化钛（TiO_2）纳米管膜电极和碳纳米管膜电极。前者主要是利用TiO_2纳米管阵列作为催化层的载体，可将铂均匀地分布在TiO_2纳米管阵列中，并固定更多的铂原子，具有很强的稳定性；后者是在膜电极的阴极催化层中采用碳纳米管为载体，形成有序、多孔结构的阴极催化层，提高了反应气体、质子、电子和水的传输速率，有序化的结构可保证孔结构的连续性并防止铂纳米粒子的团聚现象，同时使催化层和气体扩散层的微孔之间保持良好的电子传递接触，增强其传质能力，大幅度提升膜电极的性能。图2-13所示为制备好的膜电极。

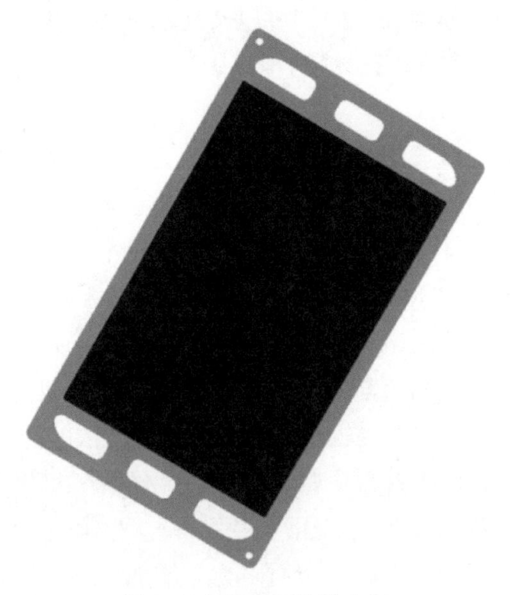

图2-13　制备好的膜电极

膜电极性能除了与质子交换膜、催化层、气体扩散层三个组成材料性能有关外，制备的技术水平也是主要的影响因素之一。

2-23 什么是有序化膜电极?

有序化膜电极属于第三代膜电极，通过构建有序化的多相物质传输通道，使得气体、质子、电子、水、热等可以得到高效的传输。这种有序的结构在一定程度上提高了贵金属催化剂的利用率，降低了铂载量，并且保持了较高的功率密度，同时有序的结构起到水管理的作用，减少了催化剂的聚集现象，有效地延长了膜电极的寿命。依据实现有序化的方式不同将有序化膜电极分为三类：载体材料有序化催化层、催化剂有序化催化层、全氟化磺酸纳米结构有序化。

（1）载体材料有序化催化层　载体材料有序化是指将铂颗粒分散在有序的载体材料上，使铂分布更均匀，在加强三相传输的同时，有效提高铂的利用率。并且载体材料相较于炭黑纸在高电位下具有更好的稳定性，能够提升膜电极的耐久性。一般来说有序化载体的选择分为两大类：碳材料（碳纳米管、碳纤维、介孔炭）和金属氧化物阵列。

（2）催化剂有序化催化层 催化剂有序化膜电极是催化剂本身具有有序结构的一类膜电极，同样可以实现水、热、电子、质子的有序化传输。比如催化剂纳米线（铂纳米线）、铂纳米棒、铂纳米管以及纳米结构薄膜催化剂。

（3）全氟化磺酸纳米结构有序化 上述两类膜电极的制作都是在催化层有序化阵列生长出来后再将其热压或者转印到质子交换膜上，这样在一定程度上破坏了原有的有序结构，并且增加了接触阻抗。而全氟化磺酸纳米结构有序化膜电极是在质子交换膜上原位生长出的有序化结构，没有其他两类膜电极存在的问题，并且由于是全氟化磺酸阵列，其质子传导率也会更高。与其他两类有序化膜电极相比，全氟化磺酸纳米结构有序化膜电极的发展较晚，但是发展潜力依旧巨大。

膜电极的结构和材料对其电化学性能起着关键性作用，第三代膜电极的有序结构对于燃料电池运行过程中电子、质子、气体和水的传输非常有利，不仅有效地降低了传质阻力，增加了电池催化活性从而降低铂载量，而且提高了膜电极的耐久性。

2-24 膜电极的性能指标有哪些?

膜电极的性能指标主要有膜电极的厚度均匀性、铂载量、功率密度、透氢电流密度、活化极化过电位与欧姆极化过电位、电化学活性面积等。

（1）厚度均匀性 燃料电池要求膜电极超薄且厚度均匀性好，膜电极的厚度取决于质子交换膜的厚度、气体扩散层的厚度和边框的厚度。如质子交换膜的厚度为10~18μm，气体扩散层的厚度为180~240μm，边框的厚度为70 ~ 125μm。

（2）铂载量 铂载量是指单位面积膜电极上贵金属铂的用量（mg/cm^2），如铂载量为0.1 ~ 0.5mg/cm^2。铂载量也可以用单位功率膜电极上贵金属铂的用量表示（g/kW），如铂载量为0.2 ~ 0.4g/kW。

（3）功率密度 功率密度是指膜电极单位面积输出的电量，是通过测试极化曲线获得的（W/cm^2）。功率密度越大越好，一般要求≥1W/cm^2。

（4）透氢电流密度 透氢电流密度是指在一定温度、一定压力和相对湿度条件下，用电化学方法检测得到的氢气穿过膜电极的速率（A/cm²）。

（5）活化极化过电位与欧姆极化过电位　活化极化过电位是指当电极表面电化学反应速率较快而电极过程动力学速率较慢时，导致电极表面积累带某种电荷的粒子，从而引起的电极电位损失，又称为电化学极化过电位。活化极化过电位通常由阳极活化极化过电位和阴极活化极化过电位组成，对于氢燃料电池，由于阴极反应的交换电流密度远小于阳极反应的交换电流密度，因而电池的活化极化过电位主要由阴极活化极化过电位引起。

欧姆极化过电位是由燃料电池欧姆极化引起的电位损失，它等于流经燃料电池的电流乘以燃料电池的内阻。

（6）电化学活性面积　膜电极中电催化剂的电化学活性面积是指膜电极内用电化学方法测试的催化剂的活性比表面积（m²/g）。膜电极的电化学活性面积与氢燃料电池电催化剂活性、电极结构等因素有关。

2-25 什么是极化曲线?

极化曲线是用来表示电极电位与极化电流或极化电流密度之间关系的曲线，也称伏安特性曲线，是表征燃料电池性能最常用的方法之一。对于燃料电池膜电极，极化曲线是其重要的评价指标。如图2-14所示，极化现象包括三种：活化极化、欧姆极化、浓差极化。三种极化现象在全电流密度区间均存在，只是所占比例不同而已。

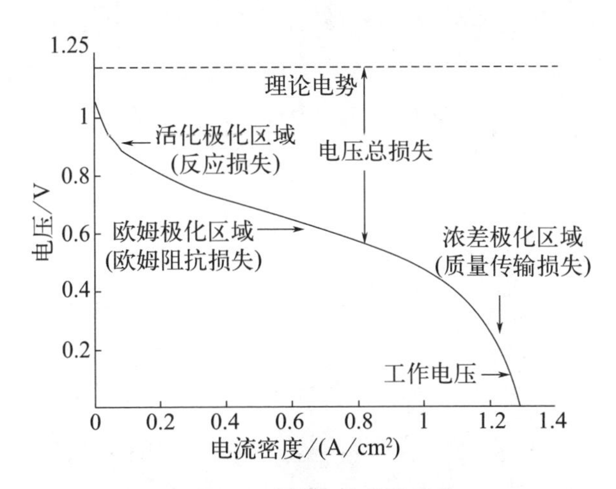

图2-14　电池极化曲线示意

（1）活化极化 氢原子失去电子所引起的电位变化，电化学反应需要克服活化能的能垒（反应阻力）。

（2）欧姆极化 欧姆极化是指氢离子在电池内部传输时与电子导电阻力所造成的电压损耗，衡量这个阻力大小的值就是欧姆内阻。

（3）浓差极化 电极表面附近的反应物贫乏或产物积累，使其与本体浓度之间发生偏离，造成电极电势偏差。此外，在开路或极低电流密度时，少量氢从阳极扩散到阴极以及一些电子穿过膜所造成的电位损耗，被称为内部电流和渗透损耗。

2-26 膜电极活化的类型有哪些？

膜电极的活化过程可提高铂催化剂的活性，加强质子交换膜的水合作用，提高燃料电池的输出性能。同时，还需要降低活化所需要的时间和氢气量，以节约活化成本，提高活化的效率。

膜电极的活化工艺有很多种，实际应用过程中根据氢燃料电池的放电状态，可归纳为三种类型：预活化型（未放电）、放电活化型和恢复活化型（放电一段时间后）。

（1）预活化型 预活化型是指对组装燃料电池堆前的膜电极组件或未放电的氢燃料电池进行预活化，从而减少氢燃料电池的放电活化时间并提高其性能。

预活化法可以提高氢燃料电池的铂利用率和膜电极质子交换膜的润湿，从而提高氢燃料电池的性能。尽管预活化工艺比较单一，对氢燃料电池的性能提升有限，但是对氢燃料电池进行预活化可以节约燃料的消耗并缩短后续的放电活化时间，大大缩减了氢燃料电池的整体活化成本，在实际应用过程中非常有必要对氢燃料电池进行预活化。

（2）放电活化型 对于一个新制造的氢燃料电池，其膜电极中的催化剂（铂或者铂合金）活性较低，从而导致氢燃料电池的放电性能不高。因此，有必要在氢燃料电池投入运行之前进行放电活化。在一定条件下通入反应燃料，让燃料电池堆进行电化学反应而进行放电，常用的放电活化方法有恒流放电活化和变流放电活化。放电活化过程中产生的水使得膜电极逐渐润湿，同时提高催化剂的活性位点和降低燃料电池堆的整体内阻，从而进一步提高氢燃料电池的整体性能和稳定性。

对于大面积、大功率的氢燃料电池发电系统，由于结构比较复杂，采用变流强制活化有利于提高氢燃料电池的放电性能。但是，由于氢燃料电池发电系统的功率及实验应用工况不同，需要有针对性地设计合理的变流加载工艺，并不断进行优化，在更短的时间内使氢燃料电池达到最佳性能。氢燃料电池活化过程中结合预活化及放电活化，可以减少整体活化时间及活化成本，在实际应用中优势比较明显，也是采用最多的活化方法。

（3）恢复活化型 氢燃料电池长期放置一段时间后，其放电性能会产生衰减，主要是膜电极内部的水分蒸发以及催化剂表面氧化等原因造成氢燃料电池性能下降，通过恢复活化法可以在一定程度上恢复氢燃料电池的放电性能。

尽管恢复活化在新制造的氢燃料电池活化中很少采用，但氢燃料电池在实际投入运用后，经常会遇到放置一段时间再使用的情况，而通过恢复活化方法，可以使得氢燃料电池保持较好的放电性能和使用寿命。

三种活化类型的特点对比见表2-3。

表2-3 三种活化类型的特点对比

类型	特点	实例
预活化	氢燃料电池未放电，可以减少氢燃料电池从完成组装到实际投入使用的时间，活化效果一般	水蒸或煮膜电极，氢燃料电池注水或浸泡润湿等
放电活化	放电活化过程中产生的水使得膜电极逐渐润湿，同时提高催化剂的活性位点和降低燃料电池堆的整体内阻，提高氢燃料电池的整体性能和稳定性，活化效果最好	主要有恒流放电活化、变流放电活化
恢复活化	氢燃料电池放置较长一段时间，采用恢复活化可在一定程度上恢复氢燃料电池的性能	氢燃料电池长期放置

2-27 膜电极衰退机理是怎样产生的？

膜电极衰退机理包括质子交换膜衰退机理、催化层衰退机理和气体扩散层衰退机理。

（1）质子交换膜衰退机理 质子交换膜衰退机理可划分为三类：热衰退、机械衰退和化学衰退。

① 质子交换膜的热衰退又可分为两种：高温衰退和低温衰退。目前燃料电池中常见的质子交换膜为Nafion膜。Nafion膜是一种全氟化磺酸膜，从化学结构来看，主链决定膜的稳定性，主链侧的基团为磺酸基团，质子交换膜的高温衰退与磺酸基团的分解有关。膜的低温衰退机理为Nafion膜中的水在冻/融循环中发生相变，相变的过程中伴随体积的变化从而导致膜的损伤。

② 质子交换膜的机械衰退是指在工作过程中膜承受不均匀机械应力后出现穿孔、裂缝、撕裂导致的性能衰退。除了膜的先天性缺陷或不当组装外，湿度循环是膜出现机械衰退的主要原因之一，由于膜的尺寸会随湿度的改变而改变，在低湿度时膜发生收缩受到拉应力，而在高湿度时膜发生膨胀受到压应力，因此在湿度循环下容易出现撕裂现象。

③ 质子交换膜化学衰退的机理为过氧自由基和羟基自由基对质子交换膜的攻击，自由基的生成实际上是氢气与部分渗透至阳极的氧气发生反应生成过氧化氢的过程，这个过程在低湿度和高电位条件下会加速进行。

（2）**催化层衰退机理**　催化层衰退机理可划分为不同机制共同作用下的铂催化剂颗粒粗化、铂催化剂中毒和碳腐蚀。

① 铂催化剂颗粒粗化的机制包括Ostwald（奥斯特瓦尔德）熟化和铂原子簇的晶体迁移。Ostwald熟化是指粒径较小的铂颗粒溶解于电解质中并在大粒径的铂颗粒表面上沉积；铂原子簇的晶体迁移是指铂颗粒在纳米尺度上发生的随机团簇碰撞并在碳载体上发生团聚。

② 铂催化剂中毒的机理主要是阳极侧铂催化剂的一氧化碳中毒与阴极侧铂催化剂的二氧化硫中毒。铂催化剂的一氧化碳中毒与当前氢气的获取方式有关，现阶段通常采取甲醇等碳氢化合物与水蒸气重整的方式制备氢气，因此氢气中存在少量的一氧化碳；而二氧化硫中毒通常是使用空气作为氧化剂所导致的。

③ 碳腐蚀现象的发生与燃料饥饿有关。氢气供给不足对燃料电池的影响分为两个阶段，即水解阶段与碳腐蚀阶段。燃料电池处于频繁启停、负载快速变化的工况下或是气体传输通道发生堵塞（如结冰、水淹）、氢气供应不足或是氢气分布不均将会导致燃料饥饿，为了维持阴阳极的电荷平衡，催化层中的水开始发生氧化反应，当燃料饥饿现象进一步加剧时，碳载体开始出现腐蚀。

（3）气体扩散层衰退机理 气体扩散层衰退机理可分为机械衰退及化学衰退。

① 造成气体扩散层机械衰退的机理为燃料电池暴露在低于冰点的温度下，气体扩散层上的聚四氟乙烯涂层由于水的相变被破坏，导致气体扩散层的表面粗糙度增加，透气性下降；在燃料电池运行过程中，气体扩散层暴露在氧化条件下时，气体扩散层的部分材料溶于水，疏水性下降；反应气体对气体扩散层产生侵蚀作用，反应气体的流速越大，机械衰退的速度越快。

② 气体扩散层发生化学衰退的原因为碳腐蚀现象的发生和活性氧的攻击，导致气体扩散层的聚四氟乙烯涂层被破坏。

2-28 什么是双极板?

双极板成本占燃料电池堆的20%~40%。双极板在燃料电池堆中的主要作用为分配反应气体、导电导热及支撑膜电极，是燃料电池的骨架与基础。

通常金属双极板由以下五个部件构成：阳极侧密封圈、阳极金属板、阴极金属板、焊缝、阴极侧密封圈，如图2-15所示。双极板通过将阳极金属板和阴极金属板焊接在一起而成，其阴极侧板和阳极侧板的边缘会有槽用于布置密封圈，防止反应气和冷却液互窜，同时也防止反应气和冷却液外漏。

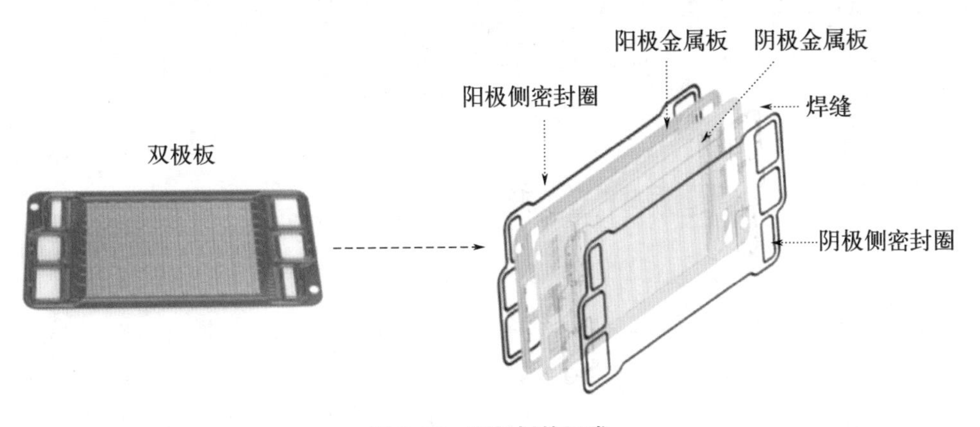

图2-15 双极板的组成

通常情况下双极板由进出口区域、流场分配区及流场反应区组成，如图2-16所示。其中，进出口区域将氢气、氧气（空气）和冷却液引入双极板，为电化学反应提供工质，并通过冷却液调整反应温度；流场分配区主要将氢气、氧气（空气）和冷却液均匀分配到流场反应区的流道中，为电化学反应一致性提供保障；流场反应区与膜电极均匀接触，供给氢气、氧气（空气）。带走反应产物，并进行电子及反应热传导，对结构一致性要求高。

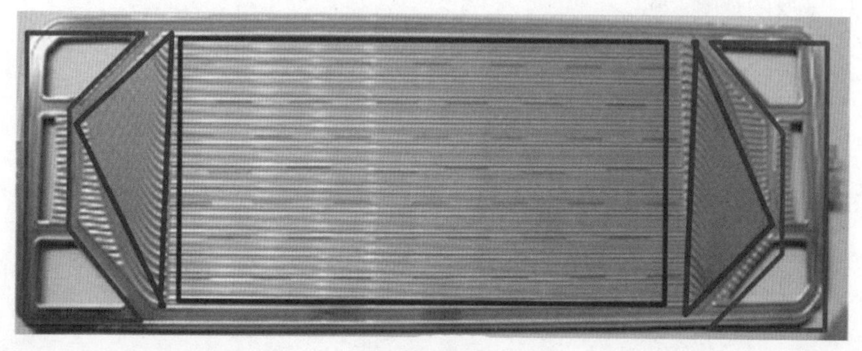

图2-16 双极板的区域组成

进出口区域包括氢气路、空气路和冷却路，每一路涉及的腔体数量与三个腔体的位置均无特殊要求，可以结合燃料电池堆的氢气路、空气路和冷却路上公共管道的设计来确定，或者说每片电池的进出口区域组合起来就组成了公共管道。流场分配区的形状也没有特殊的要求，这部分的设计目的是让反应物能够更均匀地分布在流场反应区内，保证电化学反应能够均匀充分地在流场反应区内进行。

2-29 双极板是怎样工作的?

如图2-17所示，给一片燃料电池单电池做截面，就能够更清楚地看出氢气、氧气（空气）和冷却液是如何流动的。从燃料电池单电池来看，两片双极板分别位列质子交换膜两侧，在膜的两端流道的空间分别流过氢气与氧气（空气），在双极板中的空间流过冷却液，对整个双极板进行冷却。燃料电池堆由若干双极板与膜电极串联叠加而成，反应气和冷却液的工作方式与燃料电池单电池相同。

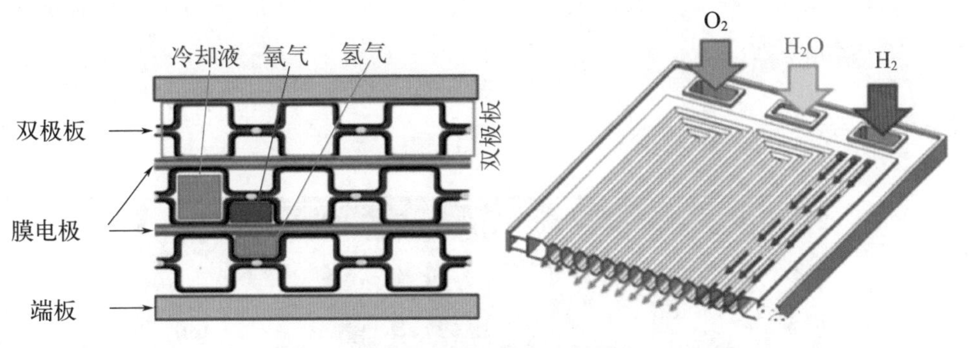

图2-17　双极板的工作原理

2-30 双极板的类型有哪些?

双极板按照材料大致可分为3类：炭质材料双极板、金属材料双极板以及金属与炭质的复合材料双极板。

（1）**炭质材料双极板**　炭质材料包括石墨、模压炭材料及膨胀（柔性）石墨。传统双极板采用致密石墨，经机械加工制成气体流道。石墨双极板化学性质稳定，与膜电极之间接触电阻小，常用于商用车燃料电池。

图2-18所示为石墨材料双极板。

图2-18　石墨材料双极板

石墨材料双极板的优点是导电性和导热性好，耐腐蚀性强，耐久性好；缺点是易脆，组装困难，厚度不易做薄，制作周期长，机械加工难，成本高。

（2）**金属材料双极板** 铝、镍、钛及不锈钢等金属材料可用于制作双极板。图2-19所示为金属材料双极板。

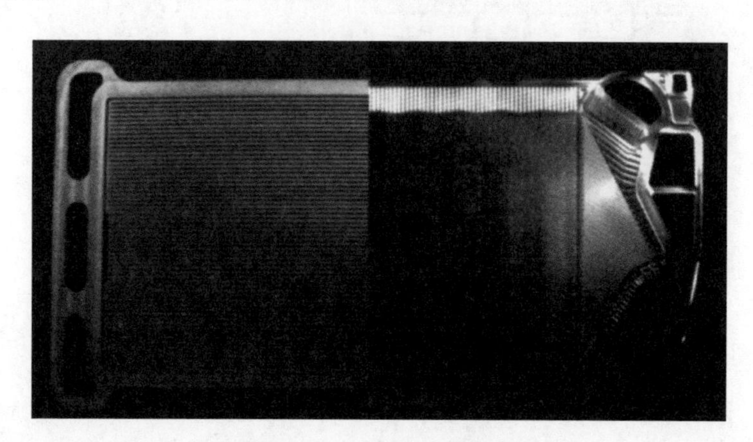

图2-19 金属材料双极板

金属材料双极板的强度高，韧性好，而且导电性和导热性好，功率密度更大，可以方便地加工制成很薄的氢燃料电池的双极板（0.1 ~ 0.3mm）；缺点是易腐蚀，表面需要改性。金属材料双极板主要应用于燃料电池乘用车，如丰田Mirai采用的就是金属材料双极板，其燃料电池模块功率密度达到3.1kW/L；英国新一代金属材料双极板燃料电池模块的功率密度更是达到了5kW/L。金属材料双极板使氢燃料电池模块的功率密度大幅提升，已成为乘用车燃料电池的主流双极板。

（3）**金属与炭质的复合材料双极板** 若双极板与膜电极之间的接触电阻大，欧姆电阻产生的极化损失多，运行效率会下降。在常用的各种双极板材料中，石墨材料的接触电阻最小，不锈钢和钛的表面均形成不导电的氧化物膜使接触电阻增高。

金属与炭质的复合材料双极板兼具石墨材料双极板和金属材料双极板的优点，密度低，耐腐蚀，易成型，使燃料电池堆装配后达到更好的效果。但加工周期长，长期工作可靠性差，因此没有大范围推广，未来将向低成本化方向发展。

常用双极板的比较见表2-4。

表2-4 常用双极板的比较

双极板类型	优势	劣势
石墨材料双极板	导电性、导热性、耐腐蚀性好，质量轻，技术成熟	体积大，强度和加工性能较差
金属材料双极板	强度高，导电性、导热性好，成本低	密度较大，耐腐蚀性差
金属与炭质的复合材料双极板	兼具石墨材料的耐腐蚀性和金属材料的高强度特点，阻气性好	质量大，加工烦琐，成本高

2-31 双极板有哪些作用？

双极板在燃料电池中的位置如图2-20所示，它位于膜电极两侧，具有以下作用。

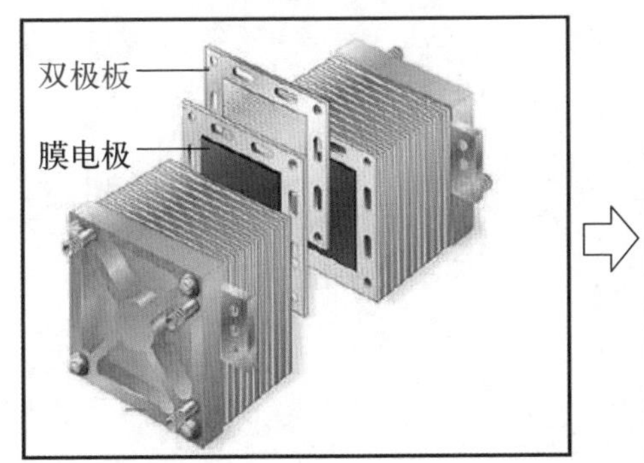

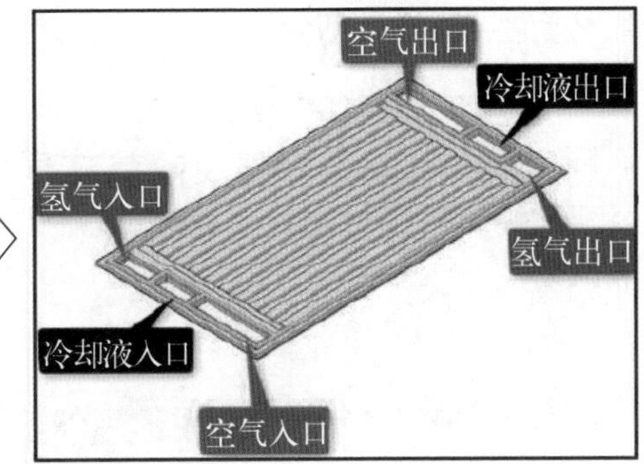

图2-20 双极板在燃料电池中的位置

① 与膜电极连接组成单电池。

② 提供气体流道，输送氢气和氧气，并防止电池气室中的氢气与氧气串通。

③ 电流收集和传导，在串联的阴阳两极之间建立电流通路。

④ 支撑燃料电池堆和膜电极。

⑤ 排出反应中产生的热量。

⑥ 排出反应中产生的水。

2-32 燃料电池对双极板有哪些要求？

燃料电池对双极板有以下要求。

① 良好的导电性。双极板具有集流作用，必须具有尽可能小的电阻以确保电池性能。

② 良好的导热性。以确保电池在工作时温度分布均匀并使电池的废热顺利排出，提高电极效率。

③ 良好的化学稳定性和抗腐蚀能力。双极板被腐蚀后表面电阻增大，进而使电池性能下降，故双极板材料必须在其工作温度与电位范围内，同时具有在氧化介质（如氧气）和还原介质（如氢气）两种条件下的耐腐蚀能力。

④ 均匀分布流体。流体均匀分布可确保燃料和氧化剂均匀到达催化层，有利于充分利用催化剂，从而大大提高燃料电池的性能。

⑤ 良好的气密性。双极板用以分隔氧化剂与还原剂，因此双极板应具有阻气功能，不能采用多孔透气材料制备。如果采用多层复合材料，至少有一层必须无孔，防止在燃料电池堆中阴、阳极气体透过流场板直接反应，降低燃料电池堆的性能甚至发生危险。

⑥ 机械强度高，质轻，体积小，容易加工。双极板质轻和体积小可使燃料电池的质量比功率和体积比功率变大，而容易加工则可提高生产效率，大大降低电池的成本。

2-33 双极板的流场形式有哪些？

流场的基本功能是引导反应剂在燃料气室内的流动，确保电极各处均能获得充足的反应剂供应。所谓流场，均是由各种图案的沟槽与脊构成的，脊与电极接触，起集流作用，沟槽引导反应气体的流动。

点状、网状、多孔体、平行沟槽、蛇形、交指状等各种流场，它们各具优缺点，需根据所研究电池类型与反应气纯度进行选择。图2-21是各种流场示意。

点状流场结构简单，特别适用于纯氢、纯氧及气态排水的燃料电池（如碱性氢氧燃料电池）。对主要以液态水排出的氢燃料电池，由于反应气流经这种流场难以达到很高的线速度，不利于排出液态水，因此很少采用。

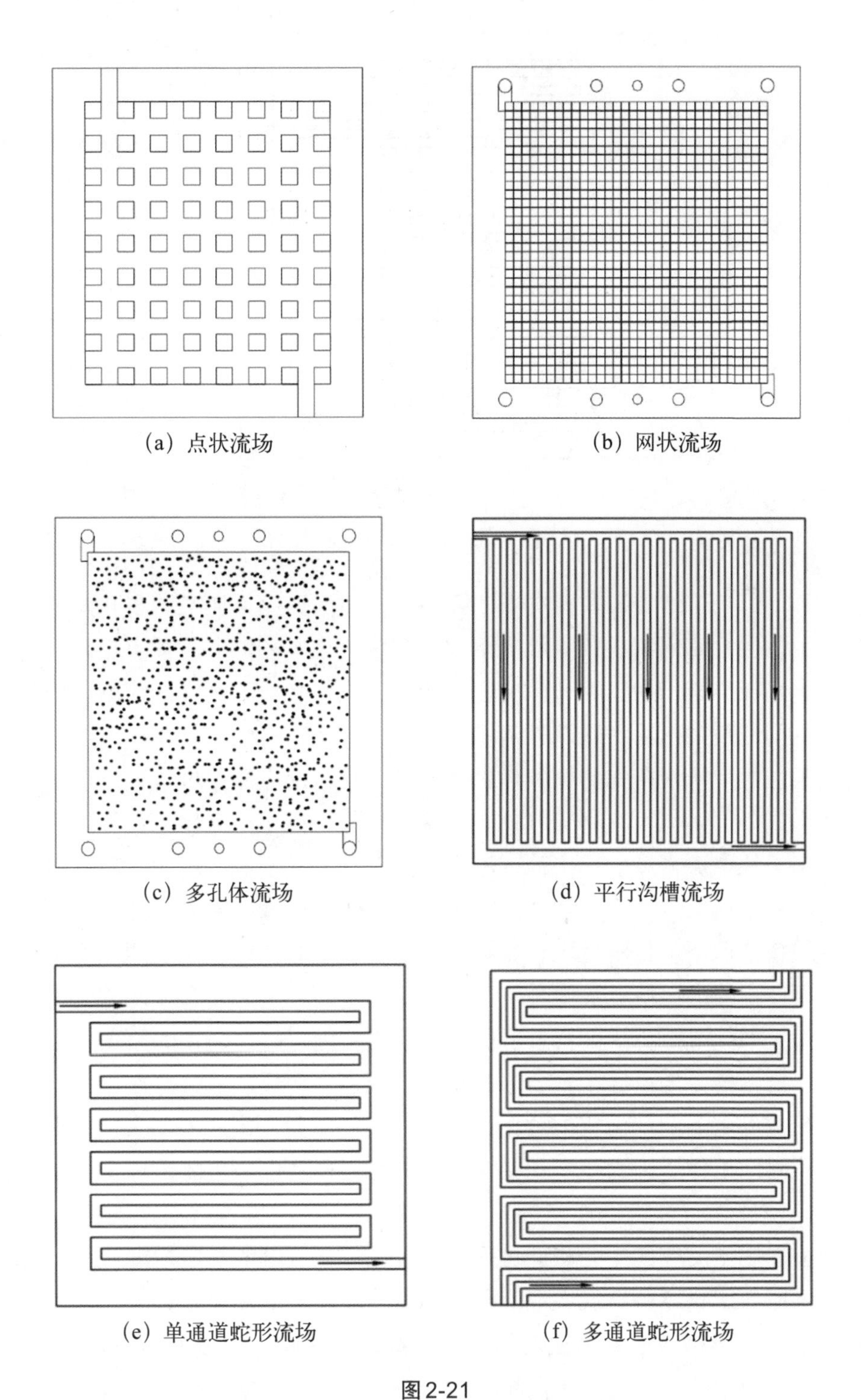

图2-21

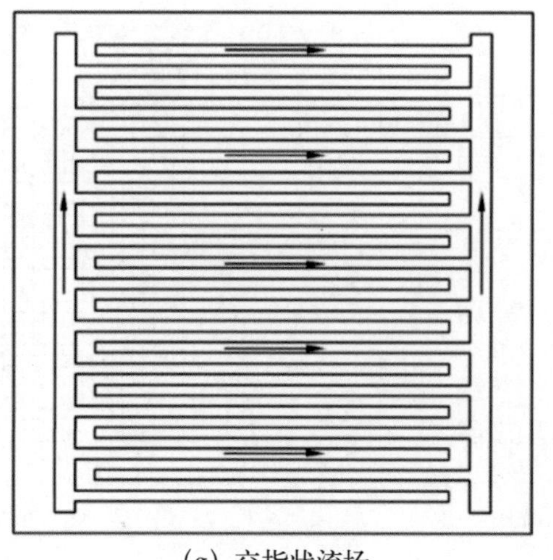

(g) 交指状流场

图2-21 各种流场示意

由多孔体（如多孔炭与多孔金属，如泡沫镍）加工的多孔体流场和由各种金属网制成的网状流场要与分隔氧化剂和燃料的导电板组合构成流场板。与可加工为一体的其他流场相比，必须注意降低流场与分隔板之间的接触电阻。这两种流场的突出优点是它对电极气体扩散层强度要求低，可用炭布作电极气体扩散层，而且当反应气通过这种流场时，易形成局部湍流而有利于气体扩散层的传质，减小浓差极化。但它们仅可用于低电流密度的小电池或单电池的设计，并不适合作为高功率的大型燃料电池堆的流场，因为这种流场反应气体的分布并不均匀。在高输出功率情形下电化学反应将集中于燃料电池中心区域，而快速电化学反应所产生的水容易阻塞流道。

平行沟槽流场具有较低的流体阻力，因此，所消耗的泵功较小。在平行沟槽流场设计中，要求减小每个流道中的质量流，并以更小的压降来提供更多的均匀气体分配。如果以空气作为氧化剂，那么会发现，在长时间工作后因水积累和阴极燃料分配，电池电压可能出现下降和不稳定现象。当燃料电池连续工作时，阴极所产生的水经常会阻塞部分流道，使得反应气体无法通过，容易造成部分区域的膜电极无法获得气体供应而影响燃料电池性能。平行沟槽流场配置的缺点是，一个流道中的一个障碍将导致剩余流道的重新分配，并因此存在一个阻塞死区下流。各流道中的水量可能各不相同，这将导致气体分配不均匀。这种设计的另一个问题是流道短，方向变化少。结果是流道中的压降低，但管道系统中的压降和对分配歧管装置中的压降可能不低。靠近歧管装置入口处的最初少数几个电池将比靠近歧管装置末尾处的各电池拥有更大的流量。

蛇形流场从起点到终点是连续的。此种流场设计在反应气体进出口的两端必须有较大的压差，因此具有较好的排水性能。蛇形流场的另一个优点是通道中的任何障碍都无法全部阻塞障碍的下流活动。蛇形流场的一个缺点是流经整个流道时反应物被耗尽，因此必须提供适当数量的气体，以避免过度的极化损失。当空气用作氧化剂时，伴随阴极气流分配和电池水管理，通常会出现问题。当燃料电池长时间工作时，阴极生成的水会在阴极积累，需要将水排出流道。在燃料电池电极表面进行流体分配时，这种设计是比较有效的。不过，这种设计可能会因为流道比较长而引起大的压强损失。

对工作电流密度大、流场板非常大或以空气作为氧化剂的情况，由于需要高质量流率的燃料气体或氧化剂，基于蛇形设计提出了可选设计方案。多蛇形流场相对单蛇形流场来说，它极大地降低了压力损失，因此可以降低附属设备的消耗，可以增加燃料电池堆的输出功率。但是这种设计的每个流道仍然很长，因此每个流道的气体浓度还是很不均匀。可适度增加流道数目而形成多通道蛇形流场。使用几个连续的流道可以限制压降，并能降低用于压缩单个蛇形道上空气的功率。这种设计方案，不会因水积累而在阴极表面形成任何迟钝面积。流道上的反应物压降小于蛇形流场的流道，但因蛇形流场的流道很长，压降仍会很大。

交指状流场设计中的反应物流平行于电极表面。通常，从板入口到板出口的流道是不连续的，流道是死端的，这使得反应物流在压力作用下穿过多孔的反应物层，到达连接于歧管装置的流道上。这种设计可有效地将水从电极结构中移走，防止淹没并增强性能。交指状流场是一种好的设计，原因是气体被送入电极的活化层，能避免对流消失并限制气体扩散。有时会在文献中提到这种设计，认为性能要好于传统的流场设计，尤其是在燃料电池阴极一侧。对于这种流场，在确保反应气在电极各处的均匀分配与控制反应气流经流场的压降方面均需进行深入研究，并与相应工艺开发相配合。

综上所述，建议使用蛇形流场。丰田Mirai用的蛇形流场如图2-22所示。

图2-22　丰田Mirai用的蛇形流场

2-34 双极板流场设计要满足哪些要求?

双极板流场设计必须满足以下要求。

① 有利于传输反应气体，能够有效促进反应气体均匀地扩散至阴阳极气体催化层。

② 有足够的脊面积，降低接触电阻，提供高电子传导率。

③ 流场结构设计有利于反应热耗散。

④ 能够有效降低流场内部压强。

⑤ 流场结构设计能够有效排出电池内部的水，防止液态水聚集产生“水淹”现象。

2-35 双极板流场设计要考虑哪些因素?

双极板流场设计要考虑以下因素。

（1）介质均匀性　介质均匀性主要体现在以下方面。

① 均匀。平行流场可以提高流体速度和浓度分布均匀性，可以通过加宽分配流道、改变流道的横截面积等方式实现流体均匀分布。催化层

局部长期欠气也会加速催化剂性能退化。

② 压降小。一方面，在一定流量下，反应剂通过流场的压降要适中且要平均，一般压降为20~80kPa。压降太小则不利于反应气体向气体扩散层、催化层的传输；而压降太大会造成过高的动力损失，系统需要匹配更高压缩比的空压机。另一方面，双极板内气体流动由压差驱动，增加进出口压差可以更有效移出电池内部多余的液态水而改进电池性能。

③ 气体短路。气体短路是指大部分气体直接流入脊下部的气体扩散层，而不沿着流道流动的一种现象。少量气体短路可以增加气体进入气体扩散层和催化层，同时有利于排出积累在气体扩散层中的水，有利于提高燃料电池堆的性能；对于长的直通道流场，在维持流场内进出口压差不变的情况下，使通道内的流动阻力不一致，相邻流道存在较大的压差，特别是气体流速较大时更易发生气体短路。当气体流经脊部气体扩散层的量超过沿着流道流动的量时，会导致一部分通道短路。短路的结果是导致气体流速降低，使积累在流道内的液态水滴不能有效排出，进而增加流动阻力、加重气体短路现象，这是一个恶性循环过程。

（2）**水热管理** 水热管理主要体现以下方面。

① 过干。质子交换膜会因为水分蒸发而导致其电导率大幅降低，从而使电池内阻变大。

② 水淹。一般氧化剂、燃料和冷却剂的流道安排，采用燃料与氧化剂逆流排布、冷却剂和氧化剂顺流排布，这样可以避免在氧化剂入口侧出现膜的干燥状态和在氧化剂的出口处发生水淹现象。热管理是与水管理相关联的，阴极反应完的空气携带反应生成水排出燃料电池堆，高温空气的含湿量较大，如果温度过低，将会生成大量液态水；合适的双极板设计应该能调节同一流场内各个区域的温度，使之达到满意的水热管理效果。流场设计需要考虑车辆行驶惯性的影响，在加速、急停等工况下可能会造成反应生成水无法排出的现象。

（3）**接触电阻** 依据电极与双极板材料的导电特性，流场沟槽的面积应有一个最优值。沟槽面积和电极总面积之比一般称为双极板的开孔率，其值应为40% ~ 75%。开孔率太高会造成电极与双极板之间的接触电阻过大，增加电池的欧姆极化损失。

（4）**支撑强度（体积小、薄）** 一般来说，细密化的流道和脊对膜电极的机械支撑是有利的，因为细密化的流道减小了脊支撑的跨度。虽然增大脊的宽度能提高电和热传导性能，但是它增加了通道间距，减小了膜电极与反应气体的接触面积，增加水在这部分气体扩散电极中的积累。在较窄的脊下水容易从气体扩散层转移到流场通道内，从而使得反应气体更容易扩散到催化层中。随着对燃料电池堆功率密度越来越高的需求，双极板越来越薄，但是越薄的双极板在机械强度上越差，合理的流道设计可以起到加强筋的作用。

2-36 如何制备双极板？

国内氢燃料电池堆的双极板主要有石墨双极板和金属双极板。石墨双极板的厚度为1~2mm，单堆额定功率以30kW居多，且主要面向商用车领域。

从制备工艺路线上来看，目前国内的石墨双极板大多采用机械加工的方式，这种方式虽然节省了开模具的费用，但是制作工艺复杂，加工周期过长，从而导致成本较高。据了解，石墨双极板的加工成本占双极板整体成本的60%以上，因此，寻找成本低廉的加工方法是燃料电池电动汽车加快国产化的必经之路。

因此，国内亦有企业通过注塑开模的方式来缩短生产时长，提高产量，然而采用这种方式必须对原材料把控得当，否则容易出现电导率差、强度不到位、变形等问题。

一块金属双极板的厚度在1mm以内，制备工艺要求非常高。金属双极板的生产流程主要包括材料准备、成形和分割、质量检测、激光焊接、涂层处理、密封。

（1）材料准备 制造燃料电池金属双极板时，带材的选择一般有两种，一种是预先做过涂层处理的带材，另一种是未经涂层处理的带材。经涂层处理的带材，通常不需要在极板成形后进行涂层处理，以便更快更便宜地生产双极板，但是其涂层稳定性在经过加工和焊接后会有一些问题。除了丰田公司外，目前市面上的双极板生产商主要还是使用未经涂层处理的不锈钢带材居多，如SU316L不锈钢，厚度为0.075~0.1mm。

（2）成形和分割 带材清理后，便会进行成形和分割，生产出阴极板和阳极板。各厂家的成形方式和流程都会有所不同，有的使用冲压成形方式，有的使用液压成形方式，还有些厂家会使用一些其他的成形方式。图2-23所示为带材的成形与分割。

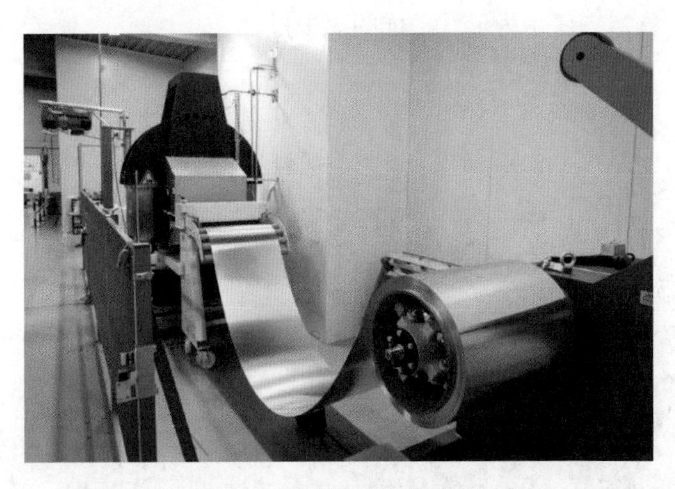

图2-23 带材的成形与分割

（3）**质量检测** 单片的极板制造完成后，对每片极板进行质量检测，判断脊和沟的尺寸、厚度和误差是否满足设计要求。

（4）**激光焊接** 在这一步中，将满足质量要求的阴阳极板通过激光焊接在一起，构成一个完整的双极板。激光束沿着双极板周边设计好的密封槽进行焊接，激光行经之处，所产生的焊缝如图2-24所示，将阴阳极板连接起来。焊接后，会将双极板的冷却剂腔完全密封，最后还会对其进行密封性能检测。

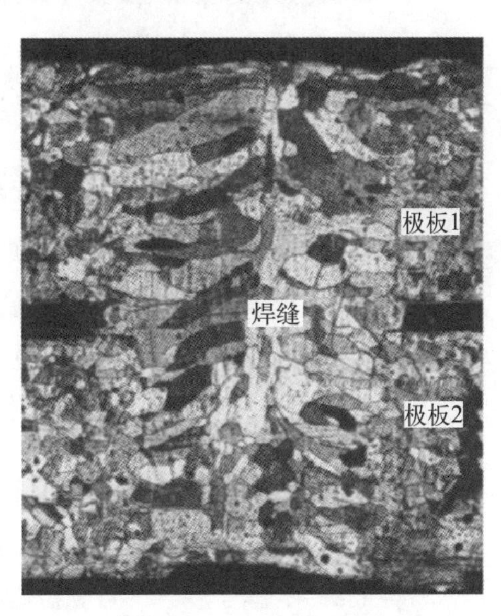

图2-24 双极板的焊缝

（5）**涂层处理** 双极板会被进行涂层处理，以提高耐腐蚀性能。目前常用的涂层处理方式为使用物理气相沉积技术。

（6）**密封** 最后一步是在双极板上设计好的密封槽内填入密封材料。这一步，不同厂家的设计都会有所不同，有些厂家使用定制好的密封圈粘贴上双极板，有些厂家使用点胶工艺，还有些厂家使用与气体扩散层集成在一起的密封圈，因此双极板厂家的生产流程中不一定包含这一步。图2-25所示为形式各样的双极板。

图2-25　形式各样的双极板

2-37 双极板的性能指标有哪些?

双极板的性能指标分为双极板材料的性能指标和双极板部件的性能指标。双极板材料的性能指标主要有气体致密性、抗弯强度、密度、电阻和腐蚀电流密度等；双极板部件的性能指标主要有气体致密性、阻力降、面积利用率、厚度均匀性和平面度等。

（1）气体致密性　气体致密性常用透气率来评价，透气率是指在单位压力下，单位时间内透过单位面积和单位厚度物体的气体量［$cm^3/(cm^2 \cdot s)$］。对于燃料电池，要求双极板的透气率低。

（2）抗弯强度　抗弯强度是指在规定条件下，双极板在弯曲过程中所能承受的最大弯曲应力（MPa）。对于燃料电池，要求双极板的抗弯强度高。

（3）密度　密度是指双极板单位体积的质量（g/cm^3）。对于燃料电池，要求双极板的密度要小，以便降低燃料电池的重量。

（4）**电阻** 双极板的电阻用体电阻率和接触电阻来评价。体电阻率是指双极板材料本体的电阻率（mΩ·cm）；接触电阻是指两种材料之间的接触部分产生的电阻，双极板的接触电阻主要指双极板与炭纸之间的接触电阻（$m\Omega \cdot cm^2$）。

（5）**腐蚀电流密度** 腐蚀电流密度是指单位面积的双极板材料在燃料电池运行环境中，在腐蚀电位下，由于化学或电化学作用引起的破坏产生的电流（$\mu A/cm^2$）。腐蚀电流密度的大小反映了双极板腐蚀速率的快慢，是表征双极板材料及部件在燃料电池运行环境下耐腐蚀性能的物理量。

（6）**阻力降** 阻力降是指气体流经双极板的进出口压力差（MPa）。

（7）**面积利用率** 面积利用率是指双极板的有效面积比，即双极板的有效面积（流场部分的面积）与双极板总面积的比值。

（8）**厚度均匀性** 对于燃料电池，要求双极板在满足强度的条件下，厚度尽量薄，而且要均匀。双极板的厚度均匀性可以用厚度最大值与最小值之差、相对厚度偏差评价。

（9）**平面度** 平面度是指双极板的脊背部分具有的宏观凹凸高度相对理想平面的偏差，双极板的平面度直接影响双极板与炭纸之间的接触电阻，从而影响电池性能。

第3章 车用氢燃料电池的主要系统

3-1 什么是氢燃料电池的单电池?

单电池是氢燃料电池的基本单元，由一组阳极和阴极及分开它们的电解质（液）组成。单电池相当于单个电芯，理论电压为1.2V左右，实际运作过程中有损耗，工作电压一般小于1.0V。

氢燃料电池的单电池应包含以下全部或部分组件。

（1）一片膜电极组件　电极面积应足够大，以满足参数测量要求。虽然较大的燃料电池采用较大面积的电极可能会得到与实际应用更相关的数据，但仍建议电极面积在$25cm^2$左右。

（2）密封件　密封件的材料应当与电池反应气体、各组件和反应物以及运行温度相匹配，应能阻止气体的泄漏。

（3）一块阳极侧的双极板和一块阴极侧的双极板　双极板应由具有可忽略的气体渗透性、高导电性的材料制成。推荐使用浸渍树脂、高密度石墨、聚合物/碳复合材料，或者耐腐蚀的金属材料，如钛或不锈钢。如果使用金属材料，其表面应有涂层或镀层以减少接触电阻。流场板应当耐腐蚀，有合适的密封。

（4）一块阳极侧的集流板和一块阴极侧的集流板　集流板应由具有高电导率的材料（如金属）制成。对于金属集流板，可以在表面涂覆/镀上降低接触电阻的材料，如金或银；但要注意选择涂层材料，该涂层材料应与电池的组件、反应气体和产物相容。集流板应有足够的厚度以减小电压降，同时应有用于导线连接的输出端。如果双极板同时起到集流板的作用，则不再需要单独的集流板。

（5）一块阳极侧的端板和一块阴极侧的端板　端板（夹固板）应

为平板且表面光滑，应具有足够的机械强度以承受螺栓紧固时产生的弯曲压力。如果端板具有导电性，应将其与集流板隔绝以防止发生短路。

（6）电绝缘片（薄板） 电绝缘片用于隔绝集流板和端板。

（7）紧固件 可能包括螺栓、弹簧和垫圈等。紧固件应具有高的机械强度，以承受电池组装和运行时产生的压力。可以使用垫片和弹簧保持作用在单电池上的压力恒定均匀。应使用扭力扳手或其他测量仪器确定电池上的压力的精确。建议使用电绝缘的紧固件。

（8）温控装置 为了使单电池保持恒温且沿流场板和通过电池方向温度分布均匀，应提供温控装置（加热或冷却）。温控装置的设计可遵循一定的温度曲线图。温控装置应能防止过热。

（9）其他辅助部件 能够满足单电池发电的辅助部件。

图3-1所示为氢燃料电池的单电池结构示意。质子交换膜、阴阳极气体扩散层和催化层共同构成了膜电极。

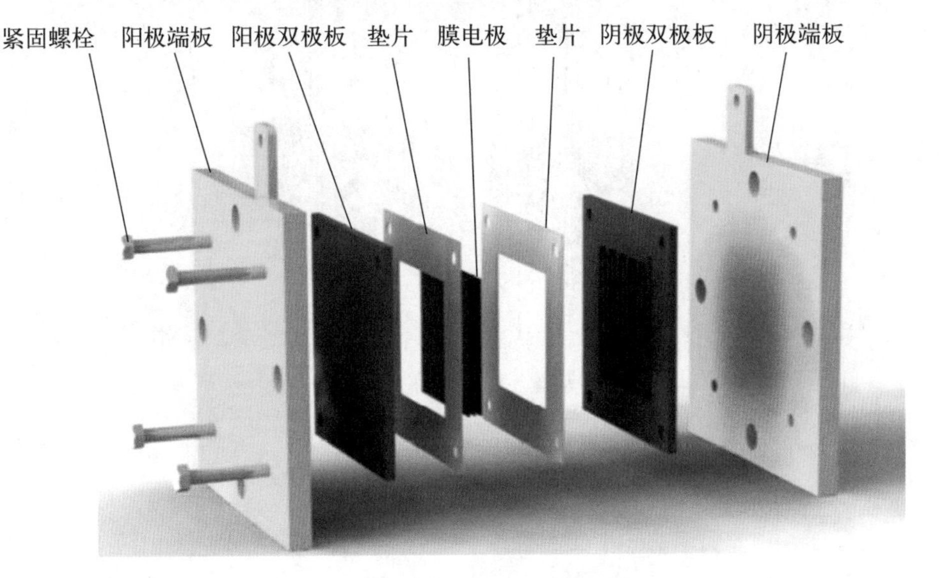

图3-1 氢燃料电池的单电池结构示意

图3-2所示为丰田第二代Mirai单电池结构。

通过降低基材厚度（从0.13mm降到0.11mm）和单体内流场板数量（从3块降到2块），第二代Mirai单电池厚度从1.34mm降到1.11mm，如图3-3所示。

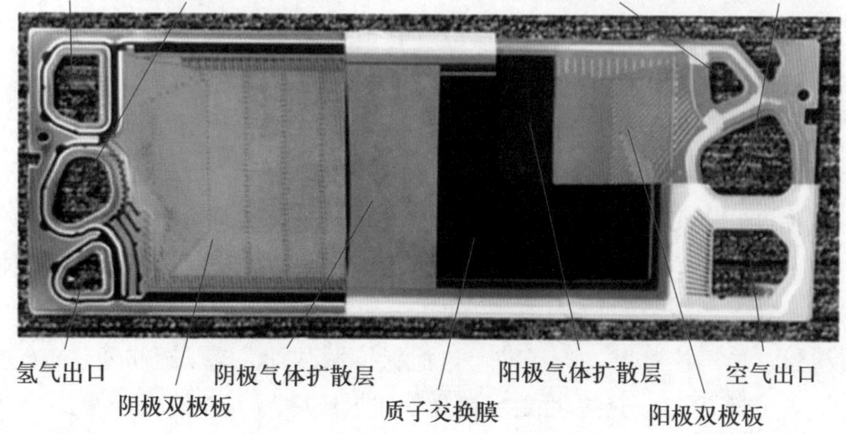

图3-2 丰田第二代Mirai单电池结构

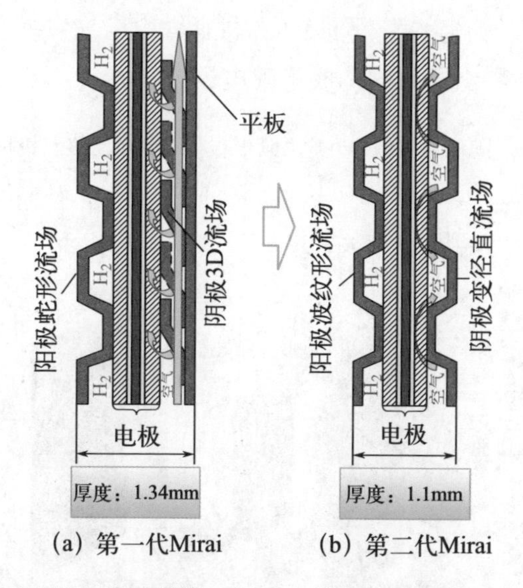

图3-3 丰田第二代Mirai单电池厚度变化

3-2 单电池的测试平台是怎样的？

单电池试验需要一个测试平台，测试平台的设备至少能满足以下试验参数的单电池试验过程。

（1）反应气体流量的调节 测量燃料电池在所需要的化学计量比下的燃料和氧化剂气体的流量。

（2）**反应气体增湿的控制** 在气体输送给燃料电池前增湿反应气体到所需的露点。

（3）**反应气体压强的控制** 调节燃料电池内反应气体的压强。

（4）**负载控制** 加载以从电池得到规定的电流。负载控制应既能以恒流模式又能以恒压模式运行。

（5）**电池加热或冷却的控制** 加热或冷却单电池达到所需运行温度。

（6）**电池电压监控和数据采集** 设备在试验过程中测量和记录电池电压。

（7）**测试台控制** 测试台必须能控制以上参数。

（8）**安全系统** 安全系统应该能够在出错情况下自动（或带有音响报警的手工操作）停止试验。

图3-4所示为单电池的测试平台示意。

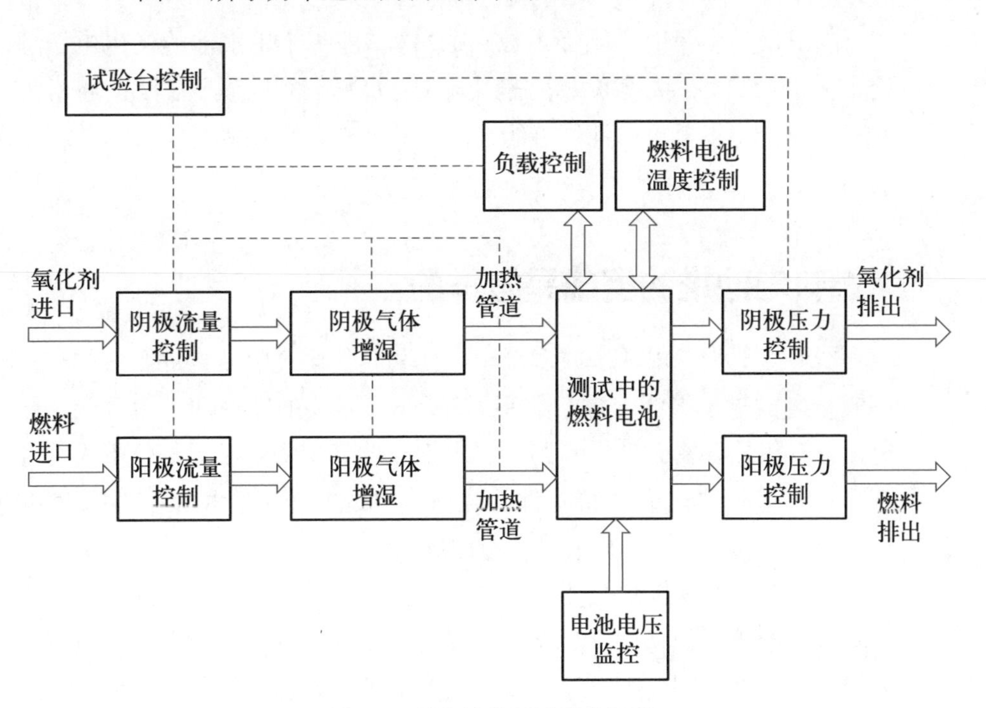

图3-4 单电池的测试平台示意

3-3 什么是燃料电池堆?

燃料电池堆（简称为电堆）是发生电化学反应的场所，也是燃料电池动力系统的核心部分，由多个单电池以串联方式层叠组合构成。燃料电池堆已成为我国燃料电池产业发展的关键因素之一，低成本、高性能、批量供应的国产燃料电池堆是燃料电池电动汽车成本下降从而与其他汽车竞争的关键。

燃料电池堆工作时，氢气和氧气分别由进口引入，经燃料电池堆气体主通道分配至各单电池的双极板，经双极板导流均匀分配至电极，通过电极支撑体与催化剂接触进行电化学反应。

由于质子交换膜只能传导质子，因此氢离子（即质子）可直接穿过质子交换膜到达阴极，而电子只能通过外电路才能到达阴极。当电子通过外电路流向阴极时就产生了直流电。

以阳极为参考时，阴极电位为1.23V，即每个单电池的发电电压理论上限为1.23V。接有负载时输出电压取决于输出电流密度，通常为0.5 ~ 1V。将多个单电池层叠组合就能构成输出电压满足实际负载需要的燃料电池堆。

3-4 燃料电池堆的组成是怎样的?

燃料电池堆是由两个或多个单电池和其他必要的结构件组成的、具有统一电能输出的组合体，如图3-5所示。必要的结构件包括端板、膜电极、双极板、密封件、紧固件、电堆壳体等。将双极板与膜电极交替叠合，各单体之间嵌入密封件，经前、后端板压紧后用紧固件紧固拴牢，封装于壳体内，即构成燃料电池堆。

（1）端板　端板的主要作用是控制接触压力，因此足够的强度和刚度是端板最重要的特性。足够的强度可以保证在封装力作用下端板不发生破坏，足够的刚度则可以使得端板变形更加合理，从而均匀地传递封装载荷到密封层和膜电极上。

燃料电池堆端板的材料选择与结构设计是影响燃料电池堆性能、寿命及成本的关键因素，主要体现在以下方面。

① 装配压力。装配压力不足，气体扩散层压缩量过低，燃料电池堆

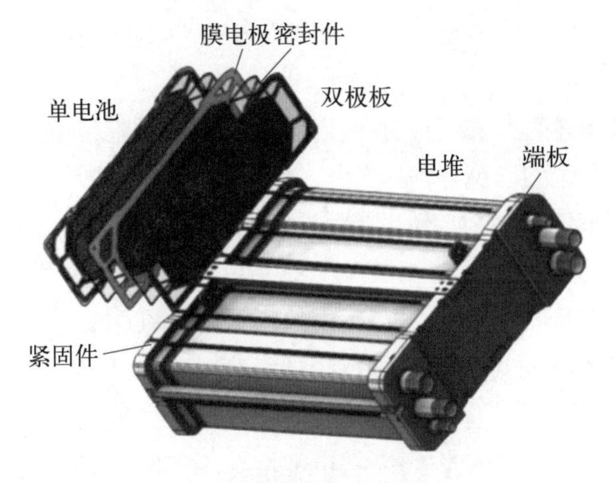

(a) 燃料电池堆本体

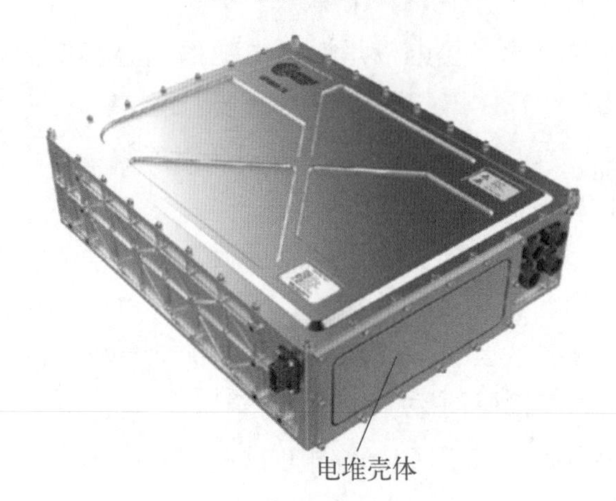

(b) 燃料电池堆成品

图3-5 燃料电池堆的组成

内部会产生较大的接触电阻，降低燃料电池堆电能输出，同时可能导致燃料电池堆的密封效果变差；装配压力过大，气体扩散层会过度压缩或阻塞流道，影响气体的传输，并可能破坏膜电极。

② 装配压力分布。端板结构设计不合理，导致压力分布不均匀，影响气体分配、电流密度的分布以及热量管理，最终缩短燃料电池堆的运行寿命。

③ 端板的质量与体积。端板的质量和体积影响燃料电池堆的体积功率密度和比功率密度。

④ 成本。端板材料、加工及相关紧固件的费用占燃料电池堆成本的

5% ~ 15%，成为燃料电池堆研发及产业化进程中成本控制上不可忽视的环节。

燃料电池堆端板一般使用金属、环氧树脂、玻璃纤维板和聚酯纤维板等，端板上设置有集流板，负责将电流导出电池，还设置了弹簧和弹簧盖板，通过弹簧和弹簧盖板将燃料电池堆的紧固力控制在一定范围内。

为保证在整车使用寿命内的燃料电池堆的安全性，车用燃料电池堆制造商必须对端板设计进行机械强度、冷热循环、振动冲击、疲劳寿命等的分析校核。另外，还需要对端板进行强度测试，保证振动冲击条件下的可靠性和安全性。燃料电池堆在工作时温度较高，需要保证端板在较高温度下的稳定性并控制形变。

（2）膜电极 膜电极是燃料电池的核心组件，它一般由质子交换膜、催化层和气体扩散层组成。燃料电池的性能由膜电极决定，而膜电极的性能主要由质子交换膜性能、气体扩散层结构、催化层材料和性能、膜电极本身的制备工艺所决定。

（3）双极板 双极板又称流场板，是燃料电池堆的核心结构零部件，起到均匀分配气体、排水、导热、导电的作用，占整个燃料电池60%的重量和约20%的成本，其性能优劣直接影响电池的输出功率和使用寿命。双极板按材料分主要有金属双极板、石墨双极板和复合双极板，丰田Mirai、本田Clarity和现代NEXO等燃料电池乘用车均采用金属双极板，而商用车一般采用石墨双极板。

（4）密封件 燃料电池堆对于密封有很高的要求，不允许有任何泄漏。在密封设计时，要注意以下事项。

① 压强和压力分布均匀性，即密封材料的压力在整体上分布均匀，不会有压力太高或压力太低的局部区域。

② 受压变形的横向稳定性，即密封材料纵向受压的时候，既不会有横向平移、剪切和侧翻等趋势，也对外部横向作用力具有抵抗能力。

③ 由于弹性材料会在燃料电池堆预期使用寿命内受压发生蠕变，因此应避免由此导致的燃料电池堆整体压缩量变化，宜采用压缩量控制而非装配压力控制。

密封件的主要作用是保证燃料电池堆内部的气体和液体正常、安全地流动，需要满足以下要求。

① 较高的气体阻隔性，保证对氢气和氧气的密封。

② 低透湿性，保证高分子薄膜在水蒸气饱和状态下工作。

③ 耐湿性，保证高分子薄膜工作时形成饱和水蒸气。

④ 环境耐热性，适应高分子薄膜工作的环境。

⑤ 环境绝缘性，防止单电池间电气短路。

⑥ 橡胶弹性体，减缓振动和冲击。

⑦ 密封件耐冷却液，保证低粒子析出率。

为达到较好的密封效果，应从材料选型、结构设计、制造工艺等方面保证密封设计能够承受燃料电池堆预期使用寿命中的温度、压力、湿度、腐蚀、老化、蠕变、工况变化、振动、冲击等作用。

双极板与膜电极之间的活化区域密封一般采用硅橡胶、氟硅橡胶、三元乙丙橡胶、聚异戊二丁烯橡胶和氯丁橡胶等高弹性体材料。最常用的是采用密封圈密封，通常在双极板上开设一定形状的密封槽并放置密封圈，在双极板两侧施加一定的封装力使密封圈变形，实现可靠的接触密封。还有预制成形（密封垫片）密封方式，在双极板上安装橡胶密封垫片并与膜电极边框进行挤压密封。

燃料电池堆整体封装设计应考虑整堆应力分布、寿命阶段内的振动和冷热冲击耐受性、工艺实现成本等因素。在力争体积紧凑、重量减轻的情况下，实现燃料电池堆的最优封装。

（5）紧固件 紧固件的作用是维持燃料电池堆各组件之间的接触压力。燃料电池堆紧固方式有螺栓紧固式和绑带捆扎式。螺栓紧固式是较早采用的方式，其装配简单，设计要点为螺栓数量、分布、预紧力的大小以及螺栓预紧力的次序。绑带捆扎式的优势在于结构紧凑，可实现相对高的功率密度。其设计要点包括绑带材料、绑带宽度和厚度、绑带分布数量和位置。

无论是螺栓紧固式还是绑带捆扎式，主承压部分均为端板，所以端板的设计要基于端板材料的刚度和强度，结合应力及形变，确定适宜的端板厚度和形状，有利于实现燃料电池堆整体压力均匀分配，实现轻量化。

（6）电堆壳体 在实际应用中，燃料电池堆本体及其他附件都封装于一个壳体之内，即实际应用中看到的成品燃料电池堆。

燃料电池堆的封装壳体具有以下要求。

① 壳体材料密度要小，强度要高，且易于机械加工成型。

② 需要考虑内部接触处，做好燃料电池堆的短路防护。

③ 具有一定的外界防水能力。

④ 具有一定的酸碱防腐蚀能力，且具有一定的高低温耐久性。

3-5 燃料电池堆有哪些设计要求？

燃料电池堆应根据风险评估进行设计。所有零部件都应适合预期使用时的温度、压力、流速、电压及电流范围；在预期使用中，能耐受燃料电池堆所处环境的各种作用、各种运行过程和其他条件的不良影响。

（1）正常运行条件下的特性　燃料电池堆在规定的所有正常运行条件时，应不会产生任何破坏。

（2）气体泄漏　在制造中应尽量减少易燃气体的泄漏，并应在说明书中对泄漏速率予以说明。

（3）带压力运行　如果燃料电池堆采用气密并承压的外壳封装，则外壳应符合《压力容器安全技术监察规程》。压力并不是燃料电池堆设计所要考虑的重要因素。对于足够的强度、刚度及稳定性和/或其他运行特性的要求，应首先重视尺寸的确定、材料的选择和工艺规程。

（4）着火和点燃　应对燃料电池堆采取保护措施（如通风、气体检测、防止运行温度高于自燃温度等），以确保燃料电池堆内部泄漏或对外泄漏的气体不至于达到其爆炸浓度。这些措施的设计规范（如要求的通风速率）应由燃料电池堆制造商提供，以便燃料电池发电系统集成制造商采取预防措施，确保安全。燃料电池堆内，膜或其他类似材料用量低于燃料电池堆总质量的10%。

（5）安全措施　按照安全规范设计的燃料电池堆，允许在没有外部安全措施的情况下运行。燃料电池堆安全的主动控制可由燃料电池堆或燃料电池发电系统中的安全装置来实现。

（6）管路和管件装配　管路的尺寸应符合设计要求，其材料应满足预期输送的流体和流体压力的要求。在流体泄漏不会导致危险的部位才可采用螺纹连接，如空气供应回路、冷却回路。所有其他接缝都应焊接或至少要按制造商要求与指定的密封部位装配连接。在燃料气体或氧气管路中，使用的接头应是磨口接头、法兰接头或压力接头，以防燃料气或氧气泄漏。管路系统应满足气体泄漏试验要求的有关规定。应彻底清理管路的内表面以除去颗粒物，应仔细清除管路端口的障碍物和毛刺。

（7）**接线端子和电气连接件** 对外电路供电的电气连接应满足以下要求。

① 固定在其安装构件上，不会自行松动。

② 导电部分不会从其预定位置滑脱。

③ 正确连接以确保导电部分不致受到损伤而影响其功能。

④ 在正常紧固过程中能防止发生旋转、扭曲或永久变形。

⑤ 裸露的导电连接件有保护层。

（8）**带电零部件** 制造商应在技术文件中详细说明存在的带电零部件，特别是系统关闭后由于残余电压而存在危险的带电部分，告知燃料电池发电系统集成制造商应负责防止电击，还应预防燃料电池堆带电部分的意外短路。

（9）**绝缘材料及其绝缘强度** 燃料电池堆中带电部分和不带电的导电部分之间的所有绝缘结构设计，都应符合电气绝缘结构有关标准的相应要求。影响构件功能的材料的机械特性应得到保证，当其所在部位温度比正常运行温度的最高值还高20℃（但不应低于80℃）时，仍应符合设计要求。

（10）**接地** 不带电金属零部件应与公共接地点相连。为了确保良好的电接触，所有电气连接件都不应松动或扭曲，并保持足够的接触压力。所有电气连接件都应采取防腐措施，相互连接的金属件之间不应发生化学腐蚀。

（11）**冲击与振动** 预期使用中的冲击与振动不应引起任何危险。

（12）**监控方法** 为确保燃料电池堆的安全，应该提供燃料电池堆温度、燃料电池堆和/或单电池的电压。监控点的位置由燃料电池堆制造商规定并向燃料电池发电系统制造商加以说明。在用其他方式对燃料电池堆提供安全运行保障的情况下，这些方式必须具有对温度及压力监控等效的安全保障能力。

3-6 燃料电池堆的通用安全要求有哪些？

燃料电池堆为燃料电池电动汽车提供驱动用的电能，属于高压系统，对其安全性要求较高。

（1）**一般要求** 燃料电池堆具有以下一般要求。

① 燃料电池堆应有外壳做必要防护，防止其部件与外部高温部件或环境接触。燃料电池堆外壳应避免容易对人体产生危害的结构。

② 当燃料电池堆中含有易燃、易爆气体或有害物质时，应在易见位置清楚标注出来。

③ 燃料电池堆中使用的材料对工作环境应有耐受性，燃料电池堆的工作环境包括振动、冲击、多变的温湿度、电势以及腐蚀环境；在易发生腐蚀、摩擦的部位应采取必要的防护措施。

④ 应对燃料电池堆反应气和冷却液的进口或出口温度、压力或流量等其他相关参数进行监测或者计算。

⑤ 应对燃料电池堆的电压或者电流进行监测或计算。

⑥ 燃料电池堆的介电强度应符合相关规定的要求。介电强度是一种材料作为绝缘体时的电强度的量度，它定义为试样被击穿时，单位厚度承受的最大电压，表示为伏特每单位厚度。物质的介电强度越大，它作为绝缘体的质量越好。

⑦ 如果燃料电池堆单独密封但并非为气密性外壳，应有防止氢气在壳内积聚的措施，如强制通风等。

⑧ 燃料电池堆机械结构应具有一定的抵抗跌落、振动、挤压等的能力。

（2）**机械冲击安全要求** 燃料电池堆发生碰撞之后，机械结构应不发生损坏，气密性和绝缘性满足相关要求。

试验方法是把燃料电池堆安装固定后，在3个轴向（X向、Y向和Z向）以5g（1g=9.8m/s^2）的冲击加速度进行冲击试验。机械冲击脉冲采用半正弦波，持续时间为15ms，每个方向各进行一次。X向是车辆前进方向，Y向是侧向，Z向是垂直方向。

（3）**气密性安全要求** 采用压降法测试燃料电池堆的气密性，结果不应低于初始压力的85%。

试验方法是燃料电池堆处于冷态，关闭燃料电池堆的氢气排气端口、空气排气端口和冷却液出口，同时向氢气流道、空气流道和冷却液流道加注氦氮混合气体，氦气浓度不低于10%，压力均设定在正常工作状态，压力稳定后关闭阀门，保压20min，测试压力的变化。

（4）**电安全要求** 电安全包括绝缘性能、人员触电防护和接地保护。

① 绝缘性能要求。燃料电池堆在加注冷却液处于冷态循环状态下，正负极的对地绝缘性要求分别不应低于100Ω/V。可通过测量绝缘电阻来判断。

② 人员触电防护要求。燃料电池堆的人员触电防护要求应符合相关规定。

③ 接地保护要求。当燃料电池堆输出电压高于60V时，燃料电池堆需有接地点，接地点与所有裸露的金属间电阻均小于0.1Ω。测量前，应将燃料电池堆与其相连的其他供电电源和负载断开（如有），测量时测量仪表端子分别连接至接地端子和燃料电池堆外壳（或应接地的导电金属件）。

（5）警示标识 燃料电池堆的警示标识应满足以下规定。

① 当燃料电池堆的最高电压大于60V时，燃料电池堆上应有高压电标识符号。

② 燃料电池堆要进行极性标识，正极使用红色，负极使用黑色。

3-7 燃料电池堆的通用安全措施有哪些?

由于燃料电池堆中有燃料和其他储能物质或能量（如易燃物质、加压介质、电能、机械能等），因此应按照以下顺序对燃料电池堆采取通用安全措施。

① 在这些能量尚未释放时，首先消除燃料电池堆的外在隐患。

② 对这些能量进行被动控制（如采用防爆片、泄压阀、隔热构件等），确保能量释放时不危及周围环境。

③ 对这些能量进行主动控制（如通过燃料电池中的电控装置）。在这种情况下，由控制装置故障引发的危险应逐一加以考虑。

④ 提供适当的、与残存危险有关的安全标记。

采取以上措施时，应特别注意以下危险。

① 机械危险：尖角锐边、跌倒危险、运动的和不稳定的部件、材料强度以及带压力的液体和气体。

② 电气危险：人员接触带电零部件、短路、高压电。

③ 电磁兼容性危险：暴露在电磁环境中的燃料电磁堆出现故障或由于燃料电磁堆的电磁辐射导致其他（附近）设备发生故障。

④ 热危险：热表面、高温液体、气体释放或热疲劳。

⑤ 火灾和爆炸危险：易燃气体或液体，在正常或异常运行条件下或在故障情况下，易燃易爆混合物的潜在危险。

⑥ 故障危险：由于软件、控制电路或保护/安全元器件的失效或加工不良或误动作引起的不安全运行。

⑦ 材料的危险：材料变质、腐蚀、脆变，有毒有害气体释放。

⑧ 废物处置危险：有毒材料的处置、回收，易燃液体或气体的处置。

⑨ 环境危险：在冷、热、风、雨、进水、地震、外源火灾、烟雾等环境下的不安全运行。

3-8 燃料电池堆性能衰减因素有哪些？

燃料电池堆性能衰减因素大致分为以下4类。

（1）**设计及工艺因素** 多为设计、制造和装配过程中出现的不合理因素。

（2）**材料因素** 指材料本身属性所引起的性能衰减。

（3）**健康因素** 指运行过程中水热管理（水淹、膜干、温度过高）或气体管理（缺气）导致的性能衰减。

（4）**运行因素** 主要受反应气纯度、运行工况（启停工况、动态工况和怠速工况等）、路面条件等的影响。

上述因素可能导致燃料电池堆的质子交换膜、催化层、气体扩散层、双极板以及密封组件五大部件的性能衰减。例如，频繁的启停会导致催化剂炭载体腐蚀，引起催化层性能衰减；怠速工况引起的质子交换膜分解、蠕变、开裂等机械衰减，会导致质子交换膜性能下降；反复加减载导致的电位循环容易引起催化剂铂颗粒粗大化，造成催化层性能衰减；过载工况将加速质子交换膜、催化剂以及载体的衰减。

3-9 不同运行工况下燃料电池堆寿命的衰减机理有哪些？

燃料电池运行工况包括启停工况、动态工况和怠速工况。

（1）**启停工况** 启停过程是燃料电池必定会经历的一个工况，该工况对阴极催化层的碳腐蚀的影响较大。在正常操作时，阴极电势低于开路电压，碳腐蚀反应动力学速率缓慢，碳腐蚀常可以被忽略。然而当阴极电势高于1.2V时，碳腐蚀速率显著增强，对催化层影响显著。另外，在氢氧燃料电池中，富氧环境下，碳腐蚀发生的电位会降低，即碳腐蚀更容易发生。

（2）动态工况　动态工况是指输出功率随着实际需求而不断变化的工况，在密闭环境中运行时，燃料电池也会经历动态工况。由于该工况发生时，燃料电池堆内部的环境随着输出功率的变化而变化，如含水量、气体量等发生突变，这对燃料电池堆衰减影响显著，其影响可分为机械和化学两个方面。

① 动态工况下的机械衰减主要是由于电池内部含水量的波动引起的。膜的含水量主要受电池外部增湿的水和电池内部反应产生的水两方面影响。对于外部增湿的含水量不充足时运行动态工况，在高功率时，电化学反应产生的水较多，可引发膜的吸水膨胀，而在低功率时，电化学反应产生的水少，严重时会引发膜的脱水皱缩。当膜频繁在膨胀和皱缩两种状态下循环时，膜因此而产生针孔或不均匀的厚度，催化层也可能产生裂隙而影响膜平面方向上的均匀性，针孔或裂隙的存在引发更严重的渗气甚至发生氢氧直接反应，导致燃料电池寿命产生严重衰减。除了膜之外，湿度循环引起催化层和膜界面分离而增加传质阻抗。另外，催化层上离聚物的体积也会受湿度循环的影响，在湿度循环下，离聚物会重新分布，离聚物在某些铂颗粒表面聚集而使传质阻抗增加，离聚物在某些表面脱落使得三相界面消失。

② 动态工况下的化学衰减可分为两个方面。从欠气来说，在加载瞬间，反应气的供给滞后于电流的增加，越快的加载就会导致越严重的气体饥饿现象。阴极侧局部欠气导致局部电流过低，迫使质子从阳极迁移至阴极，在阴极发生氢析出反应。氢析出反应会降低阴极电位，降低电池的输出电势，甚至发生轻微的反极。阳极侧局部欠气主要原因是氢气的计量比较低，氢气轻微的不足就会导致局部饥饿现象。在氢饥饿的区域，氧气由于压差的作用渗透到阳极，阳极产生氢空界面，碳腐蚀便在阴极对应区域发生。当氢计量比过低，且燃料电池堆剧烈加载时，阳极侧可能发生整体性的氢饥饿，产生电池反极。电池反极时阳极发生氯化反应和析氧反应，产生质子维持负载电流，表现为电池的反极和阳极的

碳腐蚀。优化气体供给方式、气体供给量、流道构型、启动时加载的速度，可以有效缓解饥饿现象。

从电势循环来说，电势循环是一个影响催化剂性能的重要因素，引发铂溶解/流失、铂颗粒变大等。铂的溶解与电势循环有关，在正扫过程（从低电势向高电势）中，当电势超过0.8V后，羟基会吸附在铂表面形成二氧化铂（PtO_2），氧原子取代铂原子进入次外层，引发一小部分铂原子的溶解。在负扫过程（从高电势到低电势）中，被氧化的铂发生还原，氧原子从次外层脱离的过程中，使最外层的铂同时脱离，引发大量的铂溶解。值得注意的是，在大于0.8V的电势下，二氧化铂就可以生成，并且氢氧燃料电池阴极的富氧环境，导致铂的氧化电位降低，二氧化铂更容易生成。

（3）怠速工况 怠速工况是指燃料电池堆工作电流密度约为$10mA/cm^2$，几乎没有功率输出，只是维持燃料电池堆运转的状态。由于几乎没有功率输出，阴极的电势接近开路电势。这种状态下，电池产生的水量非常少，促进了膜气体的渗透，加之阴极的高电势，促进了羟基自由基的产生，促进膜的化学衰减；另外阴极的高电势也促进铂催化剂的衰减。

3-10 不同水管理工况下燃料电池堆寿命的衰减机理有哪些？

由于质子交换膜的质子传导率与膜的含水量直接相关，膜的含水量受到多重操作条件的影响。当膜的含水量较少时，质子传导率降低，电池性能降低，因此，燃料电池堆在工作时必须保证一定量的水供给。此时便涉及水管理问题。相对氢空燃料电池来说，在氢氧燃料电池中，由于产水量大且阴极流量低，所以容易发生水淹。如果长时间处于水管理不当的状态，便会引发电池材料不可逆的损伤。

（1）水淹 水淹可分为阴极水淹和阳极水淹。燃料电池堆的阴极更容易发生水淹，这是由于在大电流密度下，阴极反应产生了大量的水，再加上阴极反应气增湿携带的水，使得水无法及时排除而引发阴极水淹。阳极发生水淹的概率低于阴极，阳极发生水淹的主要原因是阳极气体流率小，自身的除水作用小而引起阳极水淹。当燃料电池在高电流密度输出模式下工作时，电极的水的产生速率会大于排水速率，可能引发水淹现象。

水淹对燃料电池堆的影响可以从短期和长期两个尺度来分析。从短期影响来看，流场的流道、气体扩散层的孔结构都可能因为水而发生堵塞，从而导致反应气体的扩散阻力增加，欧姆损失增加。短期的水淹可以通过调节增湿条件以及气体流量等实现性能恢复正常。从长期影响来看，长时间水淹使得膜组件更容易发生腐蚀和溶解，如气体扩散层和催化层因欠气而腐蚀，催化剂铂因长时间大量水的冲刷而溶解。除此之外，膜也会由于长时间水淹而发生溶胀，长时间的溶胀应力导致膜产生针孔或裂隙。

（2）**膜脱水**　膜脱水是指在水管理不当时，燃料电池堆内含水量过少使得膜未被充分润湿而影响质子传导能力的现象。膜的脱水更容易发生在阳极侧，在阳极的进口处膜脱水最为严重。发生膜脱水的主要原因包括：反应气增湿不充分；电池温度过高使水分蒸发；高电流密度下的电渗导致阳极水减少。

从短期影响来看，脱水会导致膜的质子传导率降低，从而欧姆阻抗增加，影响电池性能。脱水引发的短期影响可以通过增湿而恢复。从长期影响来看，电池长期在脱水条件下运行，一方面，膜的低含水量会引发渗气量的增加，从而引发自由基的产生，导致膜电极化学衰减；另一方面，长时间的脱水使膜变干变脆，从而产生裂隙，造成电池不可逆的衰减。

3-11 热管理工况下燃料电池堆寿命的衰减机理有哪些?

热管理是指通过热量管理系统实现燃料电池堆温度均匀恒定的操作。燃料电池堆的热量来源包括气体携带的热量、电化学反应产生的热量、电池与外界的热量交换。温度是燃料电池堆最为重要的参数之一，也是燃料电池堆热管理的首要控制问题。在燃料电池堆中，当燃料电池堆工作时，氢氧电化学反应产生的热量是非常可观的，而燃料电池堆工作温度与环境温差不大，燃料电池堆通过热对流与热辐射的方式散出的热量远低于燃料电池堆产生的热量。因此，为了避免燃料电池堆温度不断升高，需要对燃料电池堆进行热管理。另外，燃料电池堆不同节之间的温差应尽量小，以保证燃料电池堆性能的均一性。

当热管理系统出现故障或燃料电池堆冷却方式、流场等设计不当时，燃料电池堆温度控制会失效。当温度过低时，催化剂的催化活性降低，燃料电池堆性能会显著下降。一定范围内升高燃料电池堆的温度，可提高催化活性及质子传导率，有利于提高燃料电池堆的性能。而当燃料电池堆温度过高时，一方面，该条件引发膜水分的流失，造成膜脱水现象，膜的电导率急剧下降，燃料电池堆性能变差，甚至膜寿命受到显著影响；另一方面，高温下质子交换膜可能会发生热降解，膜的强度下降而出现针孔等，造成燃料电池不可逆的衰减。当热管理不当时，膜平面方向上热量不均，致使局部出现热点，同样会引发热降解，造成氢氧的直接反应，加剧膜的衰减。

3-12 什么是CO毒化？

当含有一定量一氧化碳（CO）杂质的氢气通入阳极之后，CO会对阳极催化活性产生严重影响。在没有CO的情况下，氢气在铂上解离吸附发生氢气氧化反应。然而当有CO存在时，CO会取代氢气优先在铂上吸附，阻止了氢气氧化反应的发生，当电流密度较低时，未被CO占据的铂位点可用于氢气氧化反应，因此CO的影响较小。但是当电流密度较高时，需要更多的反应位点参与氢气氧化反应，然而由于CO的占据，所以活性位点数低于反应的需求，影响了反应速率。在25℃下，H_2中仅1%的CO便能够覆盖铂催化剂98%的活性位点。由于CO在铂上吸附为放热反应，因此升高温度，其覆盖度降低。氢燃料电池的操作温度为60 ~ 80℃，即便在80℃时，CO存在也会使氢气氧化反应的过电位增加，因此，在氢燃料电池的操作条件下，CO对电池性能和衰减的影响是不可忽略的。另外，CO在铂上的吸附非常牢固，H_2很难置换被CO占据的铂的活性位点，而CO可置换H_2在铂上吸附。CO的存在使H_2的吸附变得困难，从而铂对H_2的吸附与氧化活性降低，电池性能下降。

3-13 什么是H_2S毒化？

H_2S（硫化氢）可以来源于阳极的重整气，在阳极影响氢气的氧化反应，还可以来源于阴极的空气污染物，在阴极影响氧气的还原反应。当

H_2S到达催化层后，在铂上发生解离吸附。H_2S的吸附与温度有关，在燃料电池的操作温度下，硫原子在铂上的覆盖度增加。因此，在氢燃料电池运行过程中，催化活性受H_2S毒化而损失。另外，尽管H_2S的毒化和CO的毒化模式比较相似，但H_2S毒化还具有另外两个特点：其一，H_2S对氢燃料电池的影响具有累积性，即使H_2S含量很低，但是经过长时间的毒化作用之后，催化层也会发生严重的性能衰减；其二，H_2S的毒化造成的衰减具有不可逆性，即当硫原子吸附在铂上之后，难以完全去除，因此，完全恢复电势衰减是很难实现的。鉴于H_2S毒化的这两个特点，在进气前，应利用纯化技术尽量将H_2S去除。

3-14 电池组装过程中燃料电池堆寿命的衰减机理有哪些?

燃料电池堆组装是指将双极板、膜电极、密封材料先组装为单电池，进而将多节单电池叠加为一个燃料电池堆的过程。为了保证燃料电池堆的性能和稳定，燃料电池堆的组装需要满足多方面的需求。燃料电池堆组装时的质量评估指标包括组装应力均匀、气体及冷冻液密封良好且稳定、欧姆阻抗小、对膜电极各组件的损伤小、具有抗动态压缩能力等。适当的组装应力能减小燃料电池堆阻抗损失，提高电池性能，防止气体及冷却液的泄漏等。然而当组装力过大时，膜电极材料可能会产生不可逆的损伤。首先，当电池组装力不均匀时，将引发气体分布及水分布的不均，造成电化学反应在平面方向上的不均匀，进一步影响燃料电池堆内水及热量分布，加速电池的衰减。其次，气体扩散层是由碳纤维组成的多孔材料，由于气体扩散层的刚性较弱，所以在组装过程中组装力稍大就会引发气体扩散层孔隙率的下降，导致气体渗透阻力变大以及水传输阻力增加。再次，为了确保燃料电池堆的密封性能，通常使用相对高的组装应力。然而过高的组装应力对于较脆弱的质子交换膜来说是不利的，会导致膜产生局部的机械损伤，这种初始的机械损伤经过运行后被放大，严重影响电池的寿命。最后，较大的组装应力可提高燃料电池堆的密封性能，但是对密封材料也会造成力学性能的降低，并且在富氧环境下，阴极的密封材料容易发生氧化。在机械和化学的共同作用下，电池的密封性能会受到影响，对设备的安全造成威胁。

一方面，为了避免组件因组装应力过大而发生机械损伤，应尽量减小组装应力；另一方面，为了减小接触电阻以及提高密封性，应在一定范围内增加组装应力。为了同时满足两个方面的要求，应优化组装应力及组装方法以达到最优的组装效果。

3-15 什么是燃料电池发电系统？

燃料电池发电系统是指一个或多个燃料电池堆和其他主要及适当的附加部件的集成体，用于组装到一个发电装置或一个交通工具中。

燃料电池发电系统分为固定式燃料电池发电系统、便携式燃料电池发电系统和微型燃料电池发电系统。

（1）固定式燃料电池发电系统 固定式燃料电池发电系统是指连接并固定于适当位置的燃料电池发电系统，如图3-6所示，它主要包括燃料处理系统、氧化剂处理系统、通风系统、热管理系统、燃料电池堆或模块、水处理系统、自动控制系统、功率调节系统、内置式能量储存装置。

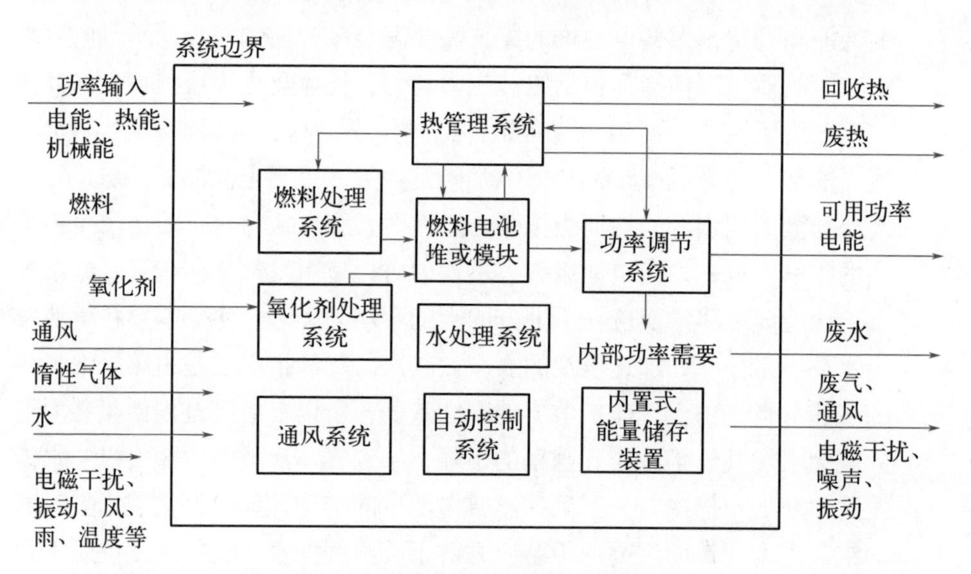

图3-6 固定式燃料电池发电系统

① 燃料处理系统是指燃料电池发电系统所需要的、准备燃料及必要时对其加压的、由化学和/或物理处理设备以及相关的热交换器和控制器所组成的系统。

② 氧化剂处理系统是指用来计量、调控、处理并可能对输入的氧化剂进行加压以便供燃料电池发电系统使用的系统。

③ 通风系统是指通过机械或自然方式向燃料电池发电系统机壳提供空气的系统。

④ 热管理系统是指用来加热或冷却/排热的系统，从而保持燃料电池发电系统在其工作温度范围内，也可能提供对过剩热的再利用，以及帮助在启动阶段对能量链加热。

⑤ 水处理系统是指用于对燃料电池发电系统所用的回收水或补充水进行必要处理的系统。

⑥ 自动控制系统是指由传感器、制动器、阀门、开关和逻辑元件组成的系统，用于使燃料电池发电系统在无须人工干预时，参数能保持在制造商给定的限值范围内。

⑦ 功率调节系统是指用于调节燃料电池堆的电能输出，使其满足制造商规定的应用要求的设备。

⑧ 内置式能量储存装置是指由置于系统内部的电能储存装置所组成的系统，用于帮助或补充燃料电池模块对内部或外部负载供电。

（2）便携式燃料电池发电系统 便携式燃料电池发电系统是指不被永久紧固或以其他形式固定在一个特定位置的燃料电池发电系统，如图3-7所示。

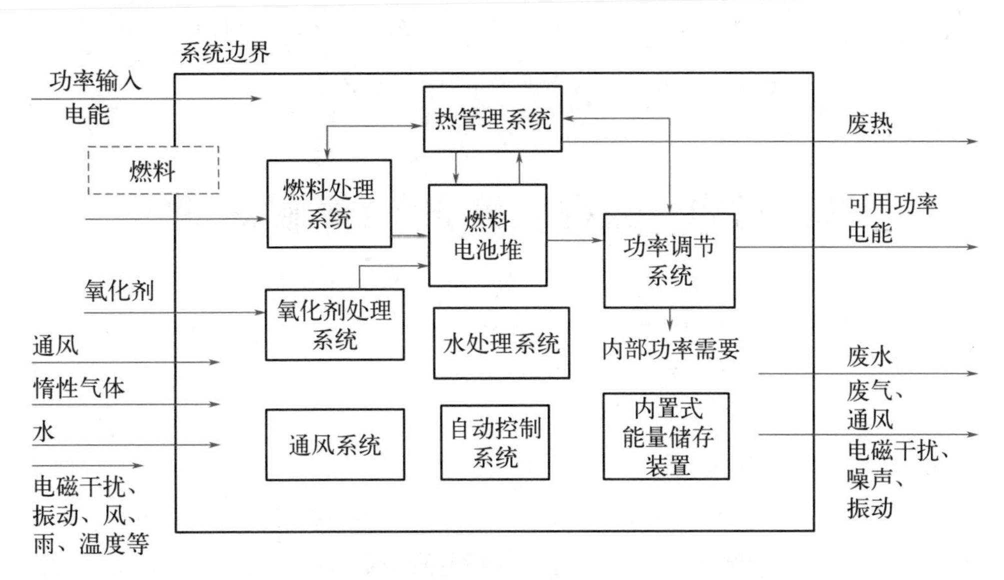

图3-7 便携式燃料电池发电系统

（3）微型燃料电池发电系统　微型燃料电池发电系统是指可佩戴或易用手携带的微型发电装置和相关的燃料容器，如图3-8所示。

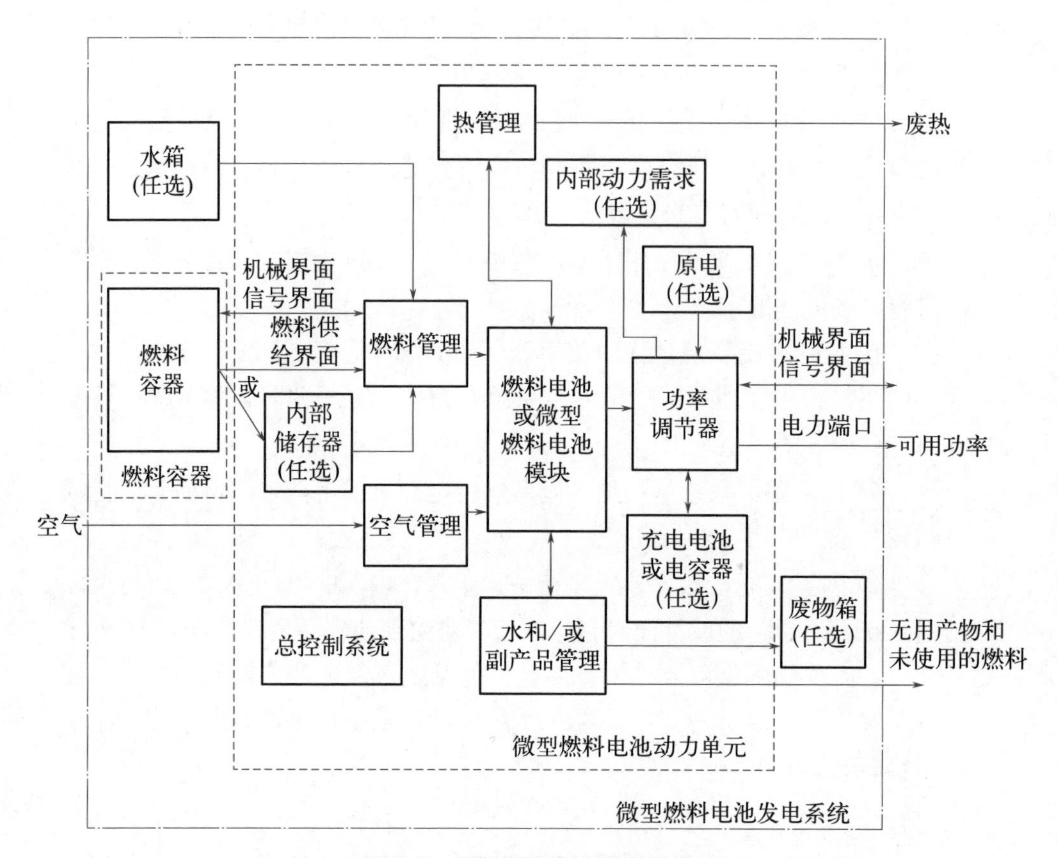

图3-8　微型燃料电池发电系统

3-16 车用氢燃料电池发电系统的组成是怎样的？

车用氢燃料电池发电系统是使用多个燃料电池模块产生电能和热的发电系统。燃料电池发电系统一般由燃料电池模块、DC/DC转换器、车载储氢系统、热管理系统、系统附件组成，其中燃料电池模块又包括燃料电池堆、氢气供给系统、空气供给系统、电子控制系统、模块附件等，如图3-9所示。

图3-10所示为丰田第二代氢燃料电池发电系统简图。

图3-11所示为丰田第二代氢燃料电池发电系统布局。

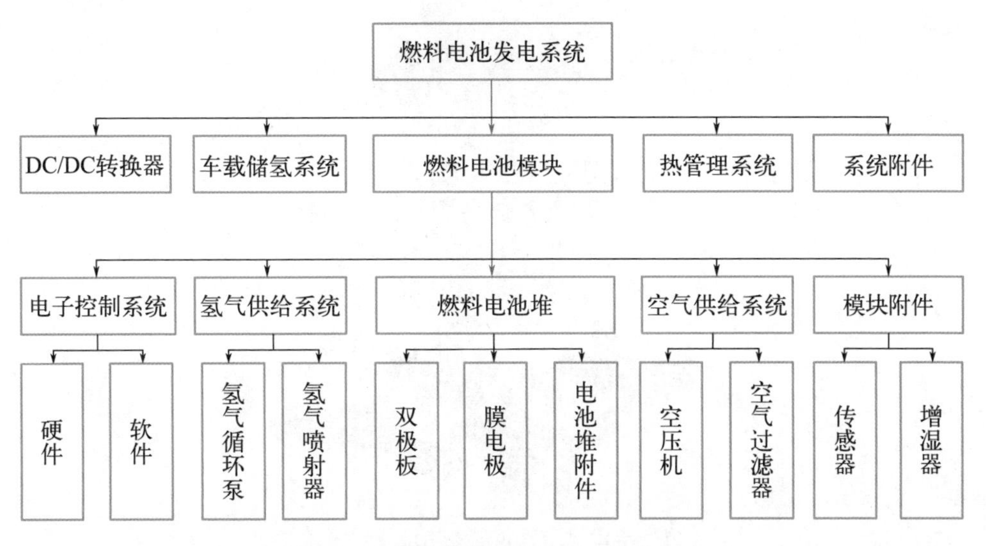

图 3-9　车用氢燃料电池发电系统的组成

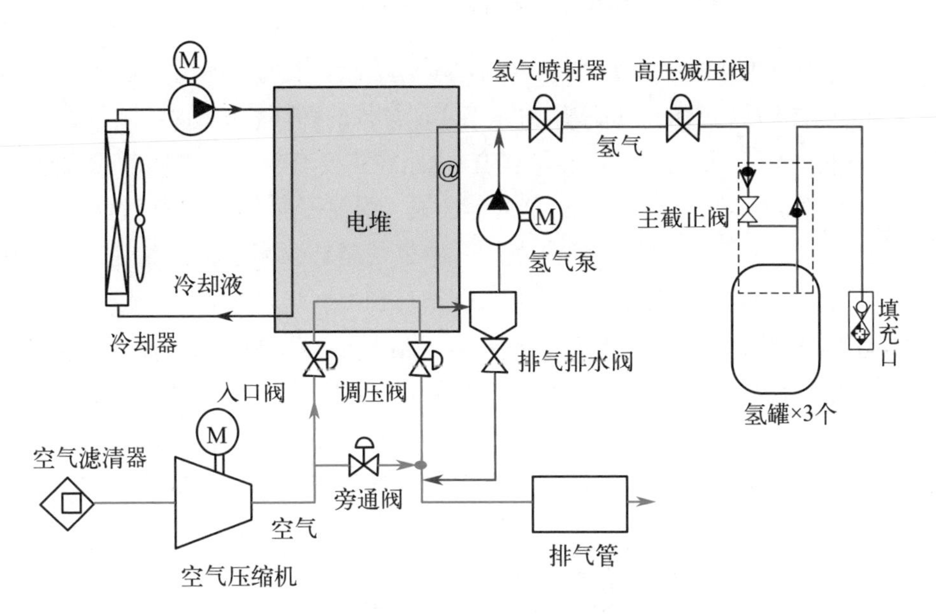

图 3-10　丰田第二代氢燃料电池发电系统简图

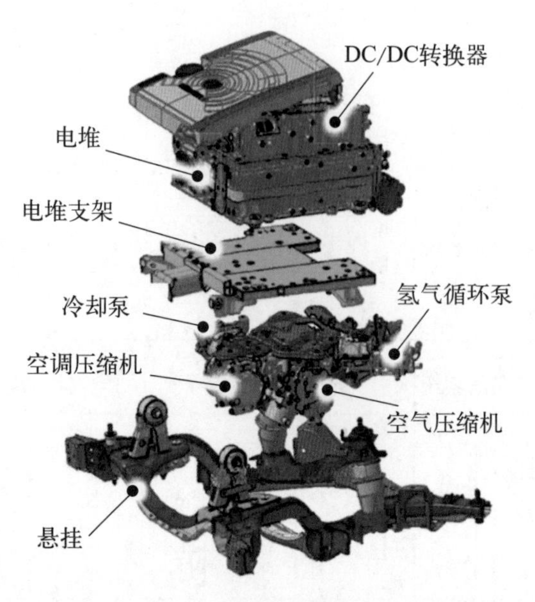

图3-11　丰田第二代氢燃料电池发电系统布局

3-17 氢气供给系统的作用是什么？

氢气供给系统作为燃料电池模块的重要组成部分，其作用是调节燃料电池堆入口氢气的流量和压力，来实现氢气的循环利用和燃料电池堆内部的水平衡管理。氢气供给系统的技术路线主要有单氢气循环泵回氢模式、单引射器回氢模式、双引射器回氢模式、引射器加旁路喷射回氢模式。

（1）单氢气循环泵回氢模式　单氢气循环泵回氢模式是利用氢气循环泵将未反应的氢气及渗透的水分循环到燃料电池堆入口循环利用，如图3-12所示。其特点是结构简单，系统响应速度快，工作区间范围广，可根据燃料电池的工作状态进行主动调节。

（2）单引射器回氢模式　单引射器回氢模式是一种利用引射器对燃料电池出口的氢气进行抽吸，来实现氢气的循环，如图3-13所示。其特点是结构简单，噪声低，无额外功耗，但工作区间较窄，低功率区间的可靠性差，不能进行主动调节。

随着技术的进步，研发出一种可变喷嘴引射器，可以通过改变引射器喉口截面积的方法改变其低功率区间的可靠性差的缺点，实现在各种不同工况下对不同流量氢气的再循环。

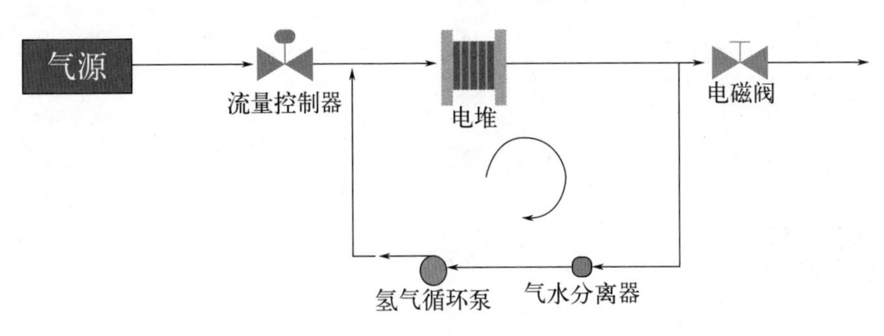

图3-12 单氢气循环泵回氢模式

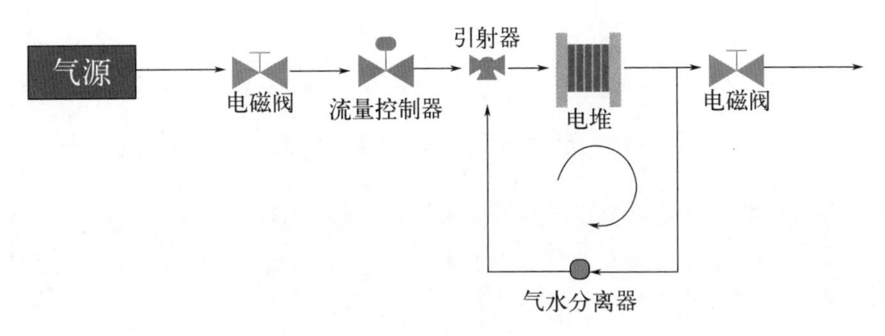

图3-13 单引射器回氢模式

（3）**双引射器回氢模式** 双引射器回氢模式由两个不同流量的引射器组成，当电池堆工作在高功率区间时，采用高流量引射器进行氢气循环；当燃料电池堆工作在低功率区间时，采用低流量引射器进行氢气循环，如图3-14所示。其特点是工作区间较宽大，能够满足燃料电池堆在不同功率下的使用需求，但系统结构和控制策略比较复杂。

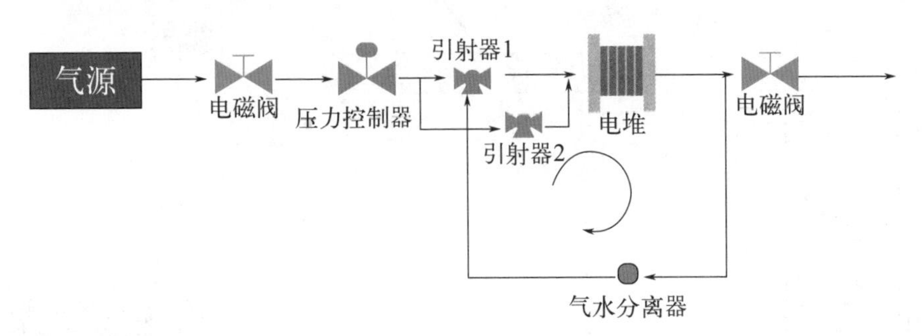

图3-14 双引射器回氢模式

（4）**引射器加旁路喷射回氢模式** 引射器加旁路喷射回氢模式如图3-15所示，在燃料电池的工作过程中，需要对燃料电池阳极侧产生的杂质及水分进行定期吹扫，以保证燃料电池阳极侧充足的氢气供应和较高的氢气浓度。

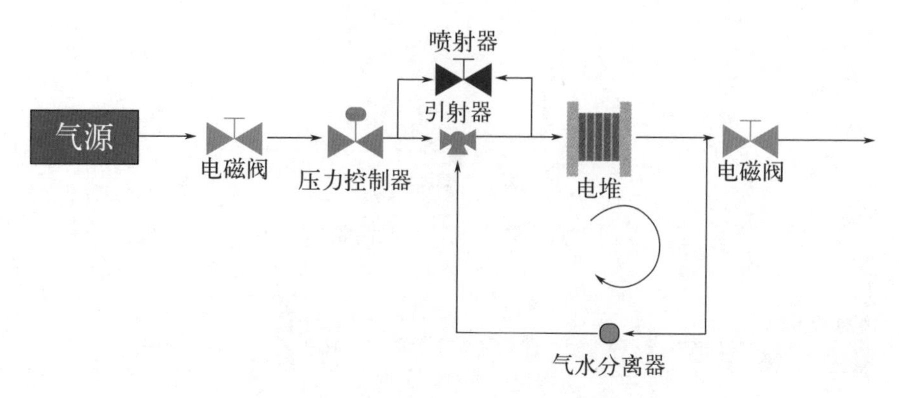

图3-15　引射器加旁路喷射回氢模式

因此，开发出一种在传统引射器回氢模式的基础上增加旁路喷射器，其作用就是对燃料电池阳极侧提供的大量氢气进行吹扫，解决传统引射器回氢模式实际运行中的杂质及水分吹扫困难的问题。

图3-16所示为丰田Mirai燃料电池发电系统的氢气供给系统示意。氢循环泵最大功率为430W，峰值转速为6200r/min，通过在空间上紧邻燃料电池堆强化电机散热性能。供氢部分采用3个喷射器并行交替工作，通过电控策略实现Mirai燃料电池堆阳极氢气进气动态精确可调。

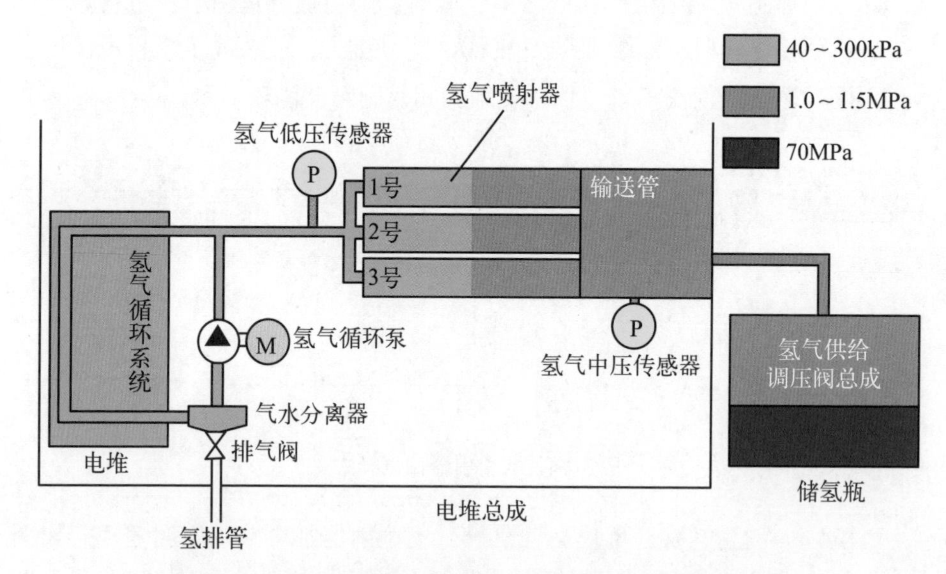

图3-16　丰田Mirai燃料电池发电系统的氢气供给系统示意

3-18 氢气喷射器的作用是什么?

氢气喷射器是用一个电磁线圈控制针阀以达到氢气流量和压力控制，是氢气供给系统中的核心部件。高压储氢罐中的氢气压力为70MPa，经过调压阀将压力减至1.0 ~ 1.5MPa，经过氢气喷射器将压力降低至燃料电池工作所需的压力（40 ~ 300kPa）。

例如，丰田Mirai燃料电池发电系统中的氢气喷射器具有3个喷嘴，如图3-17所示，3个喷嘴并不是同启同闭，而是根据一定的控制策略适时启闭。当丰田Mirai燃料电池电动汽车启动时，由于燃料电池堆的输出功率较低，只有峰值功率的10%左右，所需的氢气流量较低，因此，氢气喷射器中只有1个喷嘴工作；在丰田Mirai燃料电池电动汽车正常行驶时，燃料电池堆的功率达到峰值功率的60%左右，氢气喷射器中需要2个喷嘴工作；在丰田Mirai燃料电池电动汽车加速行驶时，燃料电池堆的功率达到峰值功率，这时氢气喷射器中3个喷嘴同时工作。

图3-17 丰田Mirai燃料电池发电系统中的氢气喷射器

3-19 氢气引射器的作用是什么?

许多燃料电池发电系统都使用氢气引射器来进行回流和压力控制，氢气引射器可将经一级减压的高压氢气以满足燃料电池堆需求的压力和流量供应给燃料电池堆；同时将燃料电池堆排气口未参与反应的氢气重新引入燃料电池堆，提高氢气的利用率，并给进入燃料电池堆的氢气加湿，提高燃料电池堆内部氢气的流速，达到改善燃料电池堆水管理的目的。

氢气引射器工作原理如图3-18所示。高压氢气从A口进入氢气引射器，通过通道1在喷嘴口2位置高速喷出，在通道3处产生负压，将燃料电池堆出口B处过量的氢气在此吸入，在混合腔4将A口进入的高压氢气和B口引射回的低压氢气进行混合进入扩散腔5，由出口C再进入燃料电池堆入口。

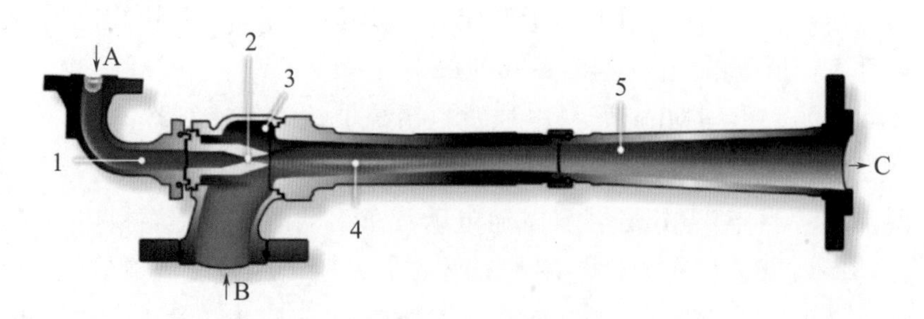

图3-18　氢气引射器工作原理

图3-19所示为氢气引射器实物。

图3-19　氢气引射器实物

由此可见，氢气引射器是一个利用特殊结构来进行氢气回流的结构件，而氢气喷射器是用一个电磁线圈控制针阀的开关来控制氢气流量和压力的装置，两者既可以单独使用，也可以配合使用。

3-20 为什么要进行氢气循环?

进行氢气循环具有以下必要性。

（1）**提高氢气利用率**　为了提高燃料电池的反应效率，减少燃料电池电动车在加速时的反应时间，燃料电池的氢气供给量要大于氢气的理论消耗量。如果不做氢气循环，将这些过量供应的氢气直接随尾气排放，会造成氢气的大量浪费。

以燃料电池发电系统的某一运行工况为例，在一个循环测试工况下，燃料电池堆侧的理论氢气消耗量为2.35kg，而其实际消耗量为3.84kg，也就是说，有1.49kg（占实际消耗量的38.8%）的氢气没有被利用。因此，为提高氢气利用率，提高氢燃料的经济性，进行氢气循环很有必要。

（2）提高涉氢安全性　比氢气浪费更让人关注的是氢气的排放安全，如果不进行氢气循环，那么大量未反应的氢气直接经尾排口排放至大气，会造成极大的高浓度排氢隐患。如果想通过空气路稀释掉高浓度氢气，以满足涉氢排放安全，则会对空气路的空压机等带来巨大负担和压力。

（3）改善燃料电池质子交换膜的湿度　将燃料电池堆内部由于电化学反应生成的水循环至氢气入口，起到给进气加湿的作用，改善燃料电池堆内的水润水平，提高水管理能力，进而提升燃料电池堆的输出特性。

（4）有助于精简燃料电池发电系统结构　氢气循环泵将燃料电池堆电化学反应生成的部分水与外界氢气混合，进而起到进气增湿的作用，帮助燃料电池堆实现“自增湿”，由此越来越多的系统厂商逐渐取消了增湿器这个部件，有助于精简燃料电池的系统结构，使燃料电池发电系统的体积更小。

3-21 氢气循环泵的作用及要求是什么？

燃料电池发电系统使用氢气循环泵，可连续几个小时排一次氢气，极大地增加了燃料利用率。在氢气侧作为循环利用的零部件，有几个好处：一是给氢气侧带来水；二是能够提供流畅的速度；三是可以防止水淹。流速快可以增加整个反应的速率，另外也容易带走积水。

氢气循环泵通常有离心式、漩涡式、罗茨式、螺杆式等多种结构形式，但不管什么形式，本质上来说，氢气循环泵是一台基于氢气介质的气泵，只是基于燃料电池的使用场景，对这种气泵有更高的要求，主要体现在以下方面。

（1）良好的密封性能　由于燃料电池的运行机理，要求其工作时应完全无油，否则会引起催化剂中毒，影响其输出性能，严重时甚至造成输出故障。因此，对燃料电池的密封性要求很高，尤其是长时间运行条件下的密封可靠性尤其重要。

（2）**低振动噪声** 氢气循环泵是燃料电池发电系统的主要噪声源之一，而在汽车行驶过程中，良好的NVH（噪声、振动、声振粗糙度）性能是乘员舒适性的重要指标，因此要求氢气循环泵工作时噪声尽可能低。

（3）**低温冷启动能力** 目前，通常要求燃料电池电动汽车能够在−30℃甚至−40℃的低温条件下正常启动。但在此低温环境下，氢气循环泵内常常出现结冰现象，要实现该低温条件下的正常启动，优异的低温冷启动能力也是氢气循环泵所应具备的。

（4）**涉氢安全性** 由于介质是氢气，首要考虑的问题就是涉氢安全性，因此要保证氢气循环泵的气密性较好，即在任何条件下，都不能有氢气外漏的情况。

（5）**抗电磁干扰能力** 氢气循环泵一般是通过CAN信号控制的，因此需要具备较强的抗电磁干扰能力，以防由于周边件的电磁干扰出现失速掉速的情况。

（6）**耐腐蚀性** 氢气循环泵的耐腐蚀性通常通过盐雾试验进行测试验证，利用盐雾试验设备所创造的人工模拟盐雾试验环境来考察其耐腐蚀能力。

图3-20所示为某燃料电池的氢气循环泵。

图3-20 某燃料电池的氢气循环泵

3-22 空气供给系统的作用是什么？

燃料电池的空气供给系统的作用是对进入燃料电池的空气进行过滤、加湿及压力调节，为燃料电池的阴极供给适宜状态的空气（氧气）。以丰田Mirai燃料电池为例，空气供给系统主要由空气滤清器、空压机、中冷器、三通阀、背压阀以及消声器等部件组成，如图3-21所示。有的空气供给系统还有加湿器。

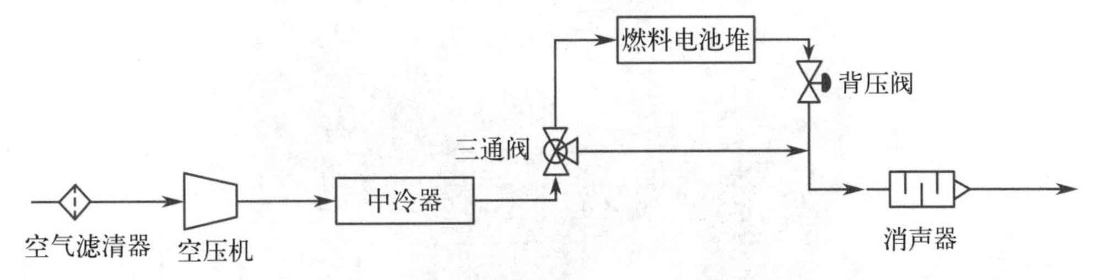

图3-21 丰田Mirai燃料电池空气供给系统

空气供给系统设计应遵循以下原则。

① 需防止空压机润滑油等污染物进入燃料电池堆，影响正常工作。

② 通过采用传感器实时采集空气供给管路中空气温度和压力信号，并输入燃料电池控制器中，而且提供温度和压力过高和过低报警功能。

③ 根据燃料电池运行工况，动态调节中冷器、加湿器等部件的运行条件，保证各个部件运行在工作最佳状态。

3-23 空气滤清器的作用是什么？

燃料电池的性能受进气空气品质影响较大，空气中的有害气体会对燃料电池造成严重的损害，其中SO_2对燃料电池的损害最大，SO_2对阴极催化剂具有强吸附作用，从而引起催化剂中毒导致燃料电池性能下降，严重时甚至可能会导致反应中断。因此，在空气进入燃料电池堆之前，通常通过空气滤清器对空气进行处理，一方面要通过物理过滤层对空气中的颗粒物进行过滤，另一方面需要对杂质气体如SO_2及NO_x等进行化学吸附，以提高反应气体的纯净度。

燃料电池空气滤清器在设计时需要满足以下功能要求。

① 满足吸附穿透时间、吸附容量、过滤效率的要求。

② 较小的空气流动阻力、压降以及能耗。

③ 具有一定消除噪声的功能。

④ 具有一定的机械强度和稳定性。

⑤ 结构紧凑简单，便于更换滤芯，成本低。

图3-22所示为空气滤清器。

图3-22　空气滤清器

3-24 空压机的作用是什么?

为了保证燃料电池堆的反应效率，反应所需的空气需要具有一定压力，故采用空压机对环境大气进行压缩。

（1）**燃料电池用空压机的类型**　空压机的类型如图3-23所示。燃料电池用空压机主要有离心式、罗茨式、螺杆式三种。

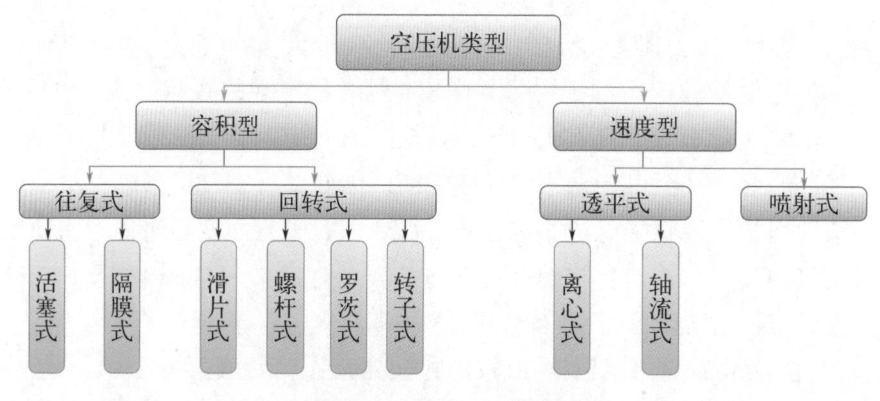

图3-23　空压机的类型

① 离心式空压机。离心式空压机通过旋转叶轮对气体做功，在叶轮与扩压器流道内，利用离心升压和降速扩压作用，将机械能转化为气体内能。离心式空压机具有结构紧凑、响应快、寿命长和效率高的特点，但其工作区域窄，在低流量、高压时会发生喘振，喘振会严重影响其使用寿命。图3-24所示为两级离心式空压机。

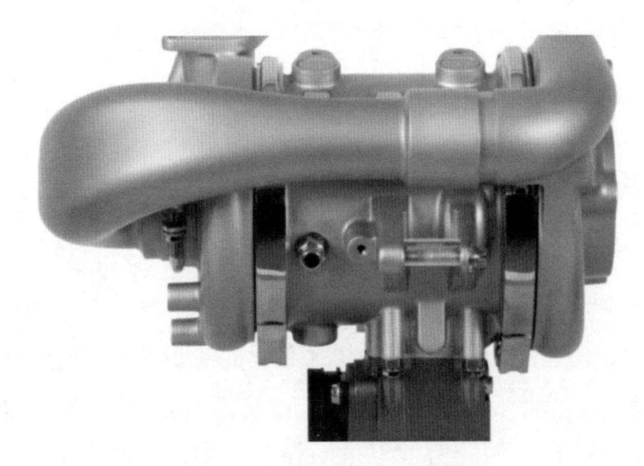

图3-24 两级离心式空压机

② 罗茨式空压机。罗茨式空压机的转子间的容腔不发生变化，把空气挤压到外部较小的容腔中，外部容腔中的空气密度不断升高，从而产生压力，称为"外压缩"。罗茨式空压机工作范围宽广，适用于全功率燃料电池发电系统。但是罗茨式空压机高频噪声很大，每个工况点噪声频谱都不同，需要有针对性地设计消声器。

③ 螺杆式空压机。通过在螺杆之间形成压缩腔，公母螺杆之间的容腔逐渐缩小，气体压力逐渐升高，称为"内压缩"。螺杆式空压机工作范围宽广，适用于全功率燃料电池发电系统。但是螺杆式空压机高频噪声很大，每个工况点噪声频谱都不同，需要有针对性地设计消声器。

（2）氢燃料电池的空压机的基本要求

① 无油。润滑油膜覆盖在质子交换膜上，会隔绝氢离子的传导，影响氧气和氢气的电化学反应。

② 高效率。空压机寄生功率严重影响燃料电池堆效率。

③ 小型化和低成本。由于功率密度和成本限制，小型化和低成本有利于产业化。

④ 低噪声。空压机噪声是燃料电池发电系统的主要噪声来源。

⑤ 特性范围宽。满足环境温度、海拔变化需求，空压机需要有更宽的MAP特性。

⑥ 动态响应快。车用动力系统会从“氢电锂电混合”走向氢电全功率驱动，空压机需要在每个工况下都能够及时提供适合的压缩空气。

⑦ 材料要求高。为了达到空压机低成本、低噪声、耐久性的目的，必须为空压机的关键部件开发低成本、稳定的摩擦性能和耐磨性的涂层及材料。

3-25 中冷器的作用是什么？

空气经空压机压缩后，压力和温度升高，最高温度达150℃。而氢燃料电池的适宜工作温度通常在80℃左右，如不经降温处理，高温空气进入燃料电池堆，会导致燃料电池堆的性能下降，严重时还有可能损坏质子交换膜。因此，为保障燃料电池堆空气的进气温度，在空压机后端需要连接中冷器以降低空气温度。目前，中冷器根据换热方式不同可以分为蓄热式、间壁式和混合式。在燃料电池发电系统中，逆流式中冷器是最常用的一种。逆流式中冷器按冷却液类型分类主要分为风冷式和水冷式，在燃料电池发电系统中通常用的是水冷式逆流中冷器，介质是去离子水。图3-25所示为逆流式中冷器示意。

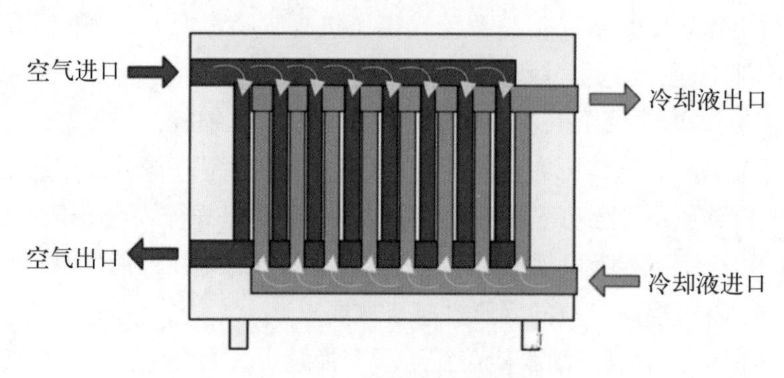

图3-25 逆流式中冷器示意

3-26 背压阀的作用是什么？

背压阀的作用是根据燃料电池堆的进气需求，与空压机配合，为燃料电池堆提供适当流量和压力的空气。燃料电池发电系统中空气路的背压调节通过电子节气门实现。使用的节气门与传统汽车发动机上的电子节气门相同，在传统发动机系统中，节气门上接空气滤清器，下接发动机缸体，是用来控制空气进气的。在燃料电池发电系统中，空气通过调整节气门开度实现背压的控制调节。所以说，燃料电池发电系统中常用的空气路背压阀通常就是电子节气门。

3-27 消声器有哪些类型?

消声器作为消除空气动力性噪声的重要器件，其形式和种类多样，按照工作原理不同可以分为三类，即阻性消声器、抗性消声器以及阻抗复合式消声器。

（1）**阻性消声器**　阻性消声器是采用吸声原理，让声波在吸声介质中传播，通过将声能转化为其他类型能量（一般多是热能），从而达到消声的目的。阻性消声器对中高频段的噪声具有较好的消声效果，对于低频段噪声，消声效果比较差。由于阻性消声器的流阻较大，因此不太适合应用在燃料电池发电系统中。

（2）**抗性消声器**　与阻性消声器相比，抗性消声器不需要使用多孔吸声材料。抗性消声器是利用管道上连接截面突变的管道或者旁接共振腔，利用声波在突变截面发生反射、干涉等，进而达到消声的目的。抗性消声器对于低中频率范围内的噪声具有特别好的消声效果，可以在高速、高温、脉动气流下工作，特别适合作为发动机等的排气消声器。

（3）**阻抗复合式消声器**　阻抗复合式消声器，即阻性消声器和抗性消声器相结合，也因此结合了阻性消声器和抗性消声器的优点，在比较宽的频率下实现了较好的消声效果。

由于阻性消声器的流阻较大，因此不太适用于燃料电池发电系统。用在车上的消声器需要在不同负载和不同速度下工作，因此，就要求消声器也能在不同温度和流速下正常运行，同时需要在较宽频范围内均具有较好的消声效果以及较低的流阻。

3-28 增湿器的作用是什么？

燃料电池堆在反应过程中，质子交换膜需维持一定的湿度以保证其处于合适的水饱和状态，保持较高的电导率，保证较高的反应效率，因此要求反应介质需携带一定量的水蒸气进入燃料电池堆，这一步通常通过增湿器来实现。

（1）增湿器原理 用特种材料制成膜管，膜管内外形成独立的干湿通道，通过回收燃料电池堆中的水分和热量，使其在膜管内外两侧进行湿热交换，从而达到燃料电池堆所需的温度和湿度。

（2）增湿器工作流程 空压机出来的干气从最右端进入增湿器，进入膜管内，此时燃料电池堆出来的废气通过废气进口进入膜管外侧，膜管内外两侧进行湿热交换，从而达到燃料电池堆所需的温度和湿度，如图3-26所示。

膜管式增湿器的核心是亲水中空膜管。当干燥气体流过膜管的内部时，同时在膜管外侧，反应后的阴极废气被送入膜管内流过。干燥气体会吸收阴极废气中的热量和水分，经过在亲水中空膜管内部充分吸收，被加热和加湿后从另一侧输出。

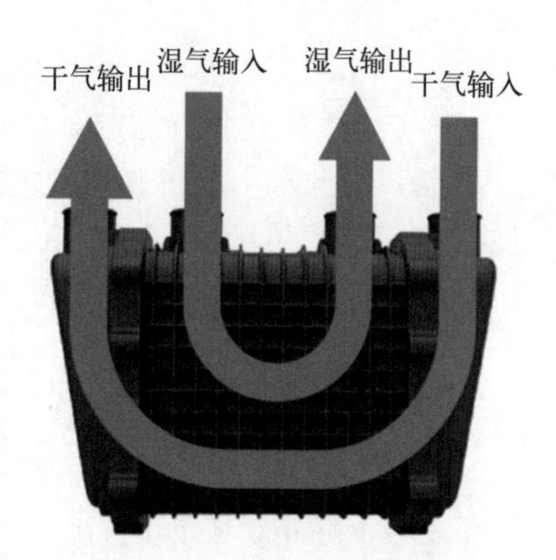

图3-26 加湿器的工作流程

3-29 热管理系统的作用是什么？

热管理系统的主要作用是维持燃料电池发电系统的热平衡，回收多余的热量，并在燃料电池发电系统启动时能够进行辅助加热，保证燃料电池堆内部能够迅速达到适合的温度区间，同时保证阴极与阳极两侧温度处于最佳的工作区域。

一个典型的燃料电池热管理系统主要包括水泵1、节温器2、去离子器3、中冷器4、PTC加热器5、散热器6、循环管路7等，如图3-27所示。

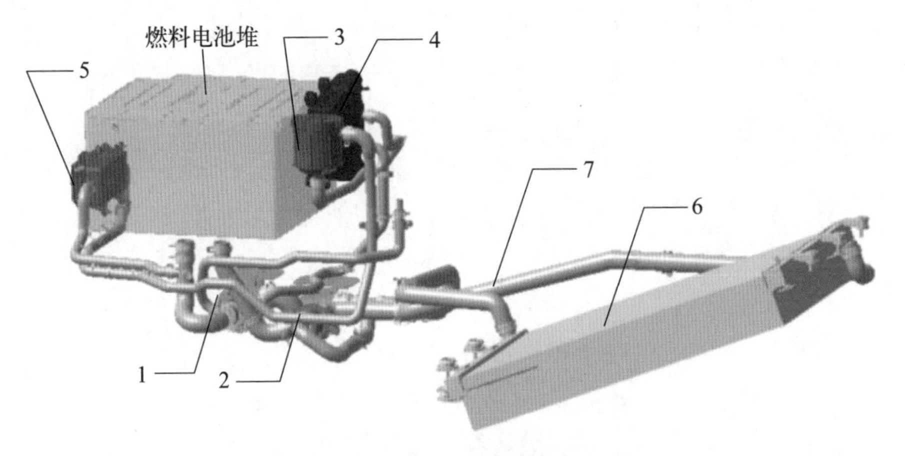

图3-27 燃料电池热管理系统示意

热管理系统是保障燃料电池正常工作的基础，它的设计应遵循以下原则。

① 热管理系统应能有效对燃料电池堆进行散热和降温，以确保燃料电池堆工作温度始终在正常范围内，以免温度过高影响燃料电池堆的使用寿命。

② 为确保特定区域使用的燃料电池发电系统低温启动性能，应设计加热元器件。在燃料电池发电系统内置加热元器件进行热设计时，应具备相应的安全设计，当加热元器件温度过高时，能够自动切断加热元器件电源。

③ 对于热管理系统中的液冷流路，当系统可能发生泄漏甚至产生安全隐患时，热管理设计应考虑具有相应的检测手段，并发出报警信号。

④ 燃料电池发电系统零部件应尽量选用阻燃等级较高或不燃烧的材料，即使在热失控的极端条件下，系统内零部件至少不会加剧燃烧反应。

⑤ 在燃料电池热管理中，燃料电池的最大耐受温度应考虑燃料电池局部热点问题，防止燃料电池局部温度过高造成危险。当燃料电池的温度达到最大耐受温度时，需要限定燃料电池的输出功率，直至燃料电池达到安全温度后，方可放开限定功率。

⑥ 燃料电池运行一段时间后，冷却液电导率上升，导致燃料电池堆内部短路的风险，热管理系统需要实时采集冷却液电导率，提供电导率报警功能。若电导率超过一定值，则需要更换离子过滤器，降低冷却液的电导率。

⑦ 热管理系统能提供液位报警、流量报警等功能，当液位和流量过高和过低时进行报警，及时发现冷却液泄漏等现象，保证冷却液的流量稳定。

热管理系统根据冷却液流经通道不同一般分为大循环（内循环）和小循环（外循环）。当温度不高时，冷却液经由节温器出口直接进入电堆，带出氢气、氧气以及废热后直接进入冷却液水泵形成又一次的循环叫作小循环（内循环）。当冷却液温度过高时，冷却液经由节温器进入散热器，将其中的热量置换出去，经由散热器出口后再进入电堆的循环叫作大循环（外循环）。

根据不同燃料电池发电系统厂家的方案和布局结构，也会呈现不同的热管理系统的设计。

3-30 水泵的作用是什么?

水泵能够给系统冷却液做功，使冷却液循环。一旦燃料电池堆温度升高超过设限，水泵就加大冷却液的流速来给燃料电池堆降温。为了保证燃料电池堆产生的热量能够快速、有效地散发，要求水泵具有大流量、高扬程、绝缘及更高的电磁兼容能力等特性。此外，水泵还需要实时反馈运行状态或故障状态。通常控制燃料电池堆维持在80℃左右，控制燃料电池堆的冷却液进出口温度差在10℃以内，5℃更佳。

水泵最重要的性能曲线是转速-流量-扬程的MAP图，在进行燃料电池发电系统设计时，根据设计需求选择合适的水泵，通过控制水泵的转速来调节水泵的流量，进而达到控制温度的目的。除了转速-流量-扬程的MAP图，另外两个重要的性能曲线是转速-流量-功率图，转速-流量-效率MAP图。图3-28所示为燃料电池的水泵。

图3-28　燃料电池的水泵

3-31 节温器的作用是什么？

节温器的作用是控制热管理系统的大小循环，其工作原理是通过控制冷却液的流向和控制调节阀的开闭程度来保证温度在适宜的范围。节温器有一个进口和两个出口，通过调节阀的开度可以调节液体流量通过两个出口的配比，进而起到调节大小循环中的流量的效果，对燃料电池热管理系统的精准温控起着重要作用。

节温器是由电机执行机构、阀体、进出口及壳体组成的。燃料电池发电系统对节温器的要求是响应速度快、内部泄漏量低、带位置反馈信息（电机节温器）。图3-29所示为燃料电池的节温器。

图3-29 燃料电池的节温器

3-32 PTC加热器的作用是什么？

在环境温度较低的情况下，燃料电池面临低温挑战。燃料电池堆在低温冷启动时，PTC（positive temperature coefficient，正温度系数很大的半导体材料或元器件）加热器对冷却液进行辅助加热，使冷却液尽快达到需求的温度，缩短燃料电池发电系统冷启动时间。PTC加热器要求响应快，功率稳定。PTC加热器由PTC陶瓷发热元件与铝管组成。该类型PTC发热体有热阻小、换热效率高的优点，是一种自动恒温、省电的电加热器。图3-30所示为PTC加热器模型。

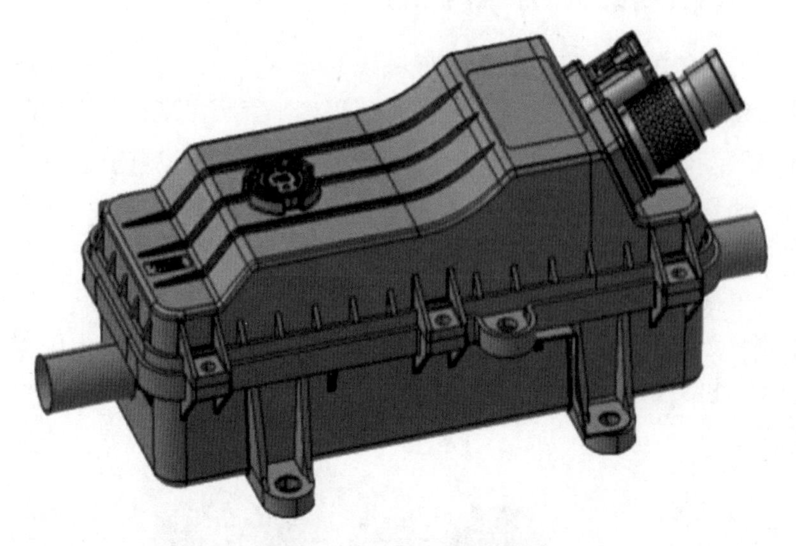

图3-30　PTC加热器模型

3-33 去离子器的作用是什么?

燃料电池运行过程中，冷却液的离子含量会增高，使其导电率增大，系统绝缘性降低。去离子器的作用就是去除冷却液中的导电离子。通过吸附热管理系统中零部件释放的阴阳离子，去离子器降低了冷却液的电导率，使系统处于较高的绝缘水平。去离子器要求离子交换量大，吸收离子速率快，同时成本低。

去离子器把水中的带电离子如钙离子、钠离子，管路析出的铜离子、铁离子等，通过树脂吸附到去离子装置内部，通过特殊比例改性树脂颗粒的作用，使冷却水中导电离子浓度大幅降低，其电导率降低至5.0μS/cm以内，良好的工作环境下小于1.0μS/cm，保证燃料电池发电系统安全稳定运行。

树脂吸附的基本原理如图3-31所示。去离子器的使用寿命取决于燃料电池发电系统里的离子析出量。当去离子器无法交换更多的阴阳离子时，它就失效了。

图3-32所示为燃料电池的去离子器，其内部是颗粒状的交换树脂，封装外壳一般采用塑料。

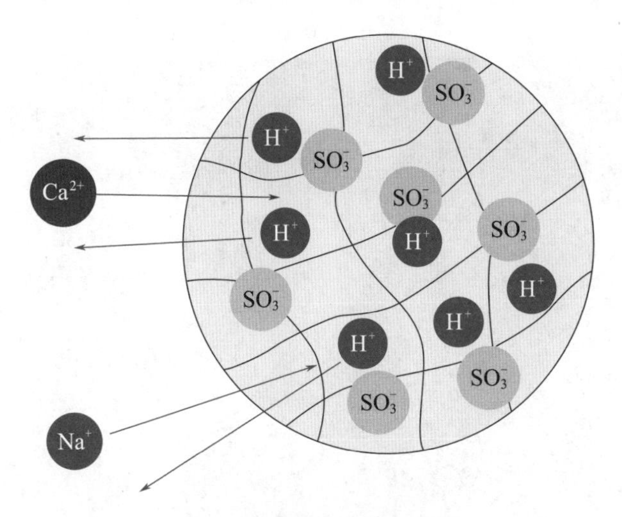

图3-31 树脂吸附的基本原理

图3-32 燃料电池的去离子器

3-34 散热器的作用是什么?

散热器的作用是散热，它将冷却液的热量传递给环境，降低冷却液的温度。散热器本体要求散热量大，清洁度要求高，离子释放率低，散热器的风扇要求风量大、噪声低、无级调速并需要反馈相应的运行状态。图3-33所示为燃料电池的散热器。

图 3-33　燃料电池的散热器

3-35 什么是电子控制系统?

电子控制系统也称为燃料电池控制器，它是包含传感器、执行器阀、开关、控制逻辑部件等的总成，保证空气供给系统、氢气供给系统及热管理系统的各部件能够协调和高效工作，使其可以发挥出最大效能。

燃料电池发电系统的控制原理是基于反馈控制系统和电子控制系统，通过测量燃料电池发电系统各个部分的参数，如电压、电流、温度等，对燃料电池发电系统进行实时监测和控制，以保证系统的稳定性和安全性。

（1）燃料电池发电系统的控制

① 氢气供应控制。燃料电池需要不断供应氢气，以保证其正常运行。电子控制系统可以根据燃料电池堆的负载情况，控制氢气的供应量，以避免过量或不足。

② 氧气供应控制。燃料电池需要氧气来作为反应的另一方。电子控制系统可以根据氧气储存罐的氧气含量，控制氧气的供应量，以确保燃料电池的正常运行。

③ 冷却控制。燃料电池发电系统需要不断排放热量，否则会导致系统过热而损坏。因此，电子控制系统需要控制冷却系统（热管理系统）

的运行，以保持系统的温度在合理范围内。

④ 压力控制。燃料电池发电系统需要保持一定的压力才能正常运行。电子控制系统可以根据氢气和氧气储存罐的压力情况，控制燃料电池堆的压力，以确保系统的稳定性。

（2）燃料电池发电系统控制技术的主要发展方向

① 高效能控制技术。为了提高燃料电池发电系统的能量利用率，采用高效能控制技术可以最大限度地利用燃料电池发电系统的能量，从而提高其效率。

② 智能化控制技术。把人工智能技术应用于燃料电池发电系统控制中，可以自动调整燃料电池发电系统的参数，以适应不同的运行环境和负载变化。

③ 多元化控制技术。车载燃料电池发电系统需要同时满足加速、刹车等不同需求，因此需要开发多元化的控制技术来满足不同的需求。

④ 安全可靠控制技术。燃料电池发电系统的安全性是非常重要的，因此需要开发更加安全可靠的控制技术。

3-36 燃料电池传感器主要有哪些?

在燃料电池系统中，传感器起着至关重要的作用，帮助实现对温度、压力、流量、浓度、湿度和电流等关键参数的监测及控制。通过这些传感器的精确测量，燃料电池系统能够实现更高的效率、更长的寿命和更稳定的运行。同时，传感器的数据还可以用于故障诊断、系统优化和性能改进。

燃料电池传感器安装示意如图3-34所示。传感器的具体安装位置可能会因燃料电池系统设计和制造商而有所不同。

燃料电池传感器主要布置在氢气供给系统、空气供给系统和热管理系统。

氢气供给系统主要包括高压储氢罐上的氢气高压传感器和经过氢气减压阀后的氢气中压传感器，以及最后进入燃料电池堆时的氢气低压传感器，确保稳定的供氢压力，满足燃料电池发电系统的需求，防止进气压力过高/过低对燃料电池发电系统造成损坏，初次反应完的氢气经过气水分离器后通过氢气循环泵/引射器再次进行循环。

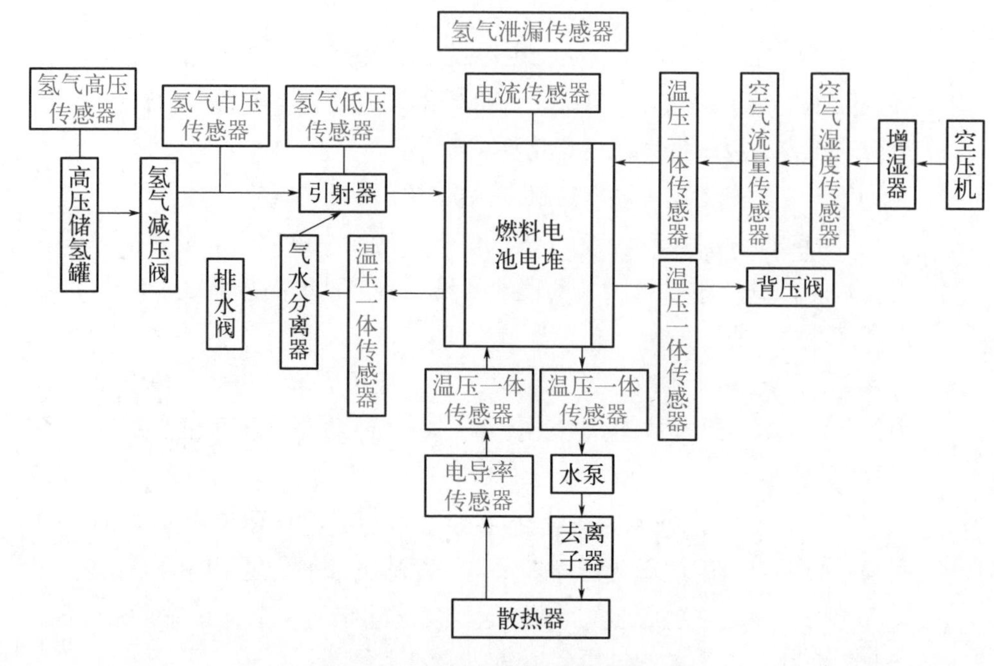

图3-34　燃料电池传感器安装示意

空气供给系统的主要作用是监测空压机后的进气压力、温度、流量、湿度等，确保有充足适合的氧气参与反应，同时需要保持燃料电池质子交换膜的水分含量，提供理想的反应环境。出口监测排气压力和温度，配合背压阀按照系统设定定时排气。

热管理系统的主要作用是监测进水和出水温度和压力参数，确保对燃料电池堆的良好冷却和热管理，同时需要监测冷却液的电导率，以便能及时地更换冷却液。

3-37 DC/DC转换器的作用是什么？

以燃料电池作为电源直接驱动负载，一方面输出特性偏软，另一方面燃料电池的输出电压较低，在燃料电池与汽车驱动之间加入DC/DC转换器，燃料电池和DC/DC转换器共同组成电源对外供电，从而转换成稳定、可控的直流电源。

DC/DC转换器用于将燃料电池输出的低压直流电升压为高压直流电输出，为燃料电池电动汽车提供电能，同时为动力蓄电池充电。DC/DC

转换器通过对燃料电池发电系统输出功率的精确控制，实现整车动力系统之间的功率分配以及优化控制。图3-35所示为丰田Mirai燃料电池堆与DC/DC转换器的位置关系。

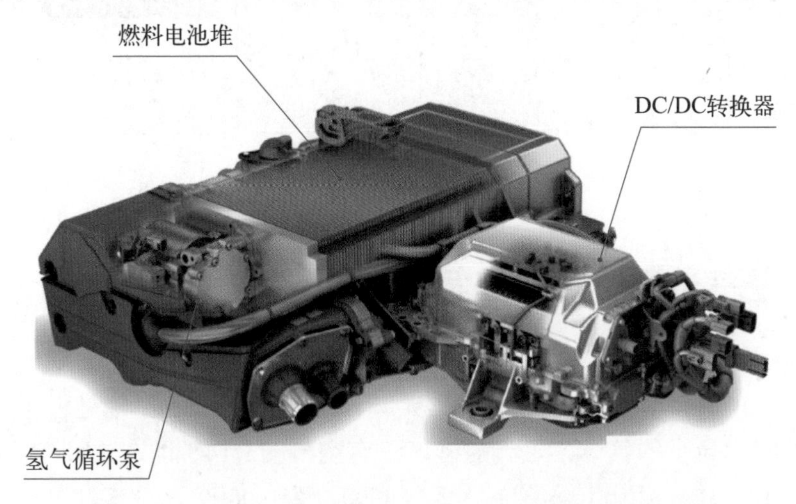

图3-35 丰田Mirai燃料电池堆与DC/DC转换器的位置关系

第 4 章 车用氢燃料电池的制氢与加氢技术

4-1 氢气的基本性质是怎样的？

氢气的化学式为H_2，分子量为2.01588，常温常压下，是一种极易燃烧的气体，无色透明、无臭无味，且难溶于水。氢气是世界上已知的密度最小的气体，氢气的密度只有空气的1/14，即在1个标准大气压（101325Pa）和0℃条件下，氢气的密度为0.0899g/L。氢气是分子量最小的物质，还原性较强，常作为还原剂参与化学反应。

氢气有气、液、固三态，常温下为气体；−253℃时变成无色液体；−259℃时变为雪花状固体。氢气在常温下性质稳定，在点燃或加热的条件下，氢气能和氧气、硫、炭、氯气等许多物质发生化学反应，生成水、硫化氢、甲烷、氯化氢等非常重要的化合物。

氢气的热值是汽油的3倍、焦炭的4.5倍，与氧气发生化学反应后仅产生对环境无污染的水。氢能源是二次能源，需要消耗一次能源来制取，氢气的获取途径主要有化石能源制氢和可再生能源制氢。

氢气具有以下主要特性。

（1）易泄漏与扩散　氢分子尺寸较小，容易从缝隙或孔隙中泄漏，且氢气扩散系数比其他气体更高，在空间上能够以很快的速度上升，同时进行快速的横向移动扩散。因此当氢气泄漏时，氢气将沿着多个方向迅速扩散，并与环境空气混合。

（2）易燃性　氢气是一种极易燃的气体，燃点只有574℃。点火源包括快速关闭阀门产生的机械火花，未接地微粒过滤器的静电放电，电气设备、催化剂颗粒和加热设备产生的火花，通风口附近的雷击等，必须以适当的方式消除或隔离点火源，并应在没有可预见点火源的情况下进行操作。

（3）**爆燃爆轰** 氢气与空气形成的蒸汽云爆炸属于爆燃范畴，是不稳定过程。在爆燃过程中，氢气点燃形成的火焰不断加速，甚至超过声速，从而形成爆轰波。氢气在空气中的爆炸浓度为4% ~ 75.6%（体积分数）。为了避免爆炸，需要将氢气的体积分数控制在4%以下。若在封闭区间内发生爆炸，如车载储氢罐内，压力瞬间可达初始压力的几倍甚至几十倍，因此为了避免发生爆炸事故，通常在车载储氢系统上安装有安全泄放装置。

（4）**淬熄** 氢气火焰很难熄灭，例如，由于水汽会加大氢气-空气混合气体燃烧的不稳定，加强燃烧能力，所以大量水雾的喷射会使氢气-空气混合气体燃烧加剧。与其他可燃气体相比，氢气的淬熄距离最低。由于氢气存在重燃和爆炸的危险，通常只有切断氢气供应后，才能扑灭氢火。

（5）**氢脆** 氢脆是指溶于金属中的高压氢气在局部浓度达到饱和后引起金属塑性下降、诱发裂纹甚至开裂的现象，氢脆的影响因素众多，例如环境的温度和压力，氢气的纯度、浓度和暴露时间，以及材料裂纹前的应力状态、物理和力学性能、微观结构、表面条件和性质。另外，使用不当材料也易产生氢脆问题。因此，氢环境下应用的金属材料要求与氢气具有良好的相容性，需进行氢气与材料之间的相容性试验。

4-2 燃料氢气的技术指标有哪些?

燃料氢气的技术指标应符合表4-1的要求，燃料氢气的纯度要求非常高。表4-1中，总硫是指氢气中以二氧化硫（SO_2）、硫化氢（H_2S）、羰基硫（COS）及甲基硫醇（CH_3SH）等各种形态存在的硫化物；总卤化物是指氢气中以氯化氢（HCl）、溴化氢（HBr）、氯气（Cl_2）和有机卤化物（R-X）等各种形态存在的卤化物。

表4-1 燃料氢气的技术指标

项目名称	技术指标
氢气纯度（摩尔分数）	99.97%
非氢气体总量	300μmol/mol

续表

项目名称	技术指标
单类杂质的最大浓度	
水（H_2O）	5μmol/mol
总烃（按甲烷计）	2μmol/mol
氧（O_2）	5μmol/mol
氦（He）	300μmol/mol
总氮（N_2）和氩（Ar）	100μmol/mol
二氧化碳（CO_2）	2μmol/mol
一氧化碳（CO）	0.2μmol/mol
总硫（按 H_2S 计）	0.004μmol/mol
甲醛（CH_2O）	0.01μmol/mol
甲酸（CH_2O_2）	0.2μmol/mol
氨（NH_3）	0.1μmol/mol
总卤化物（按卤离子计）	0.05μmol/mol
最大颗粒物浓度	1mg/kg

注：当甲烷浓度超过2μmol/mol时，甲烷、氮气和氩气的总浓度不允许超过100μmol/mol。

工业氢关注的是氢气纯度，而燃料电池用氢关注的是敏感杂质含量，所以，工业氢不等于燃料电池用氢。

4-3 常用的制氢方式有哪些？

氢能产业涉及制氢、储氢和输氢等环节，其中制氢成本最高。常用制氢方法如图4-1所示。其中化石燃料制氢、工业副产氢回收、电解水制氢的技术成熟，它们的差别在于原料的再生性、二氧化碳排放和制氢成本。目前以化石燃料制氢为主。

氢分为灰氢、蓝氢和绿氢，如图4-2所示。要实现燃料电池电动汽车的可持续发展，使用的燃料氢必须由灰氢变成绿氢。

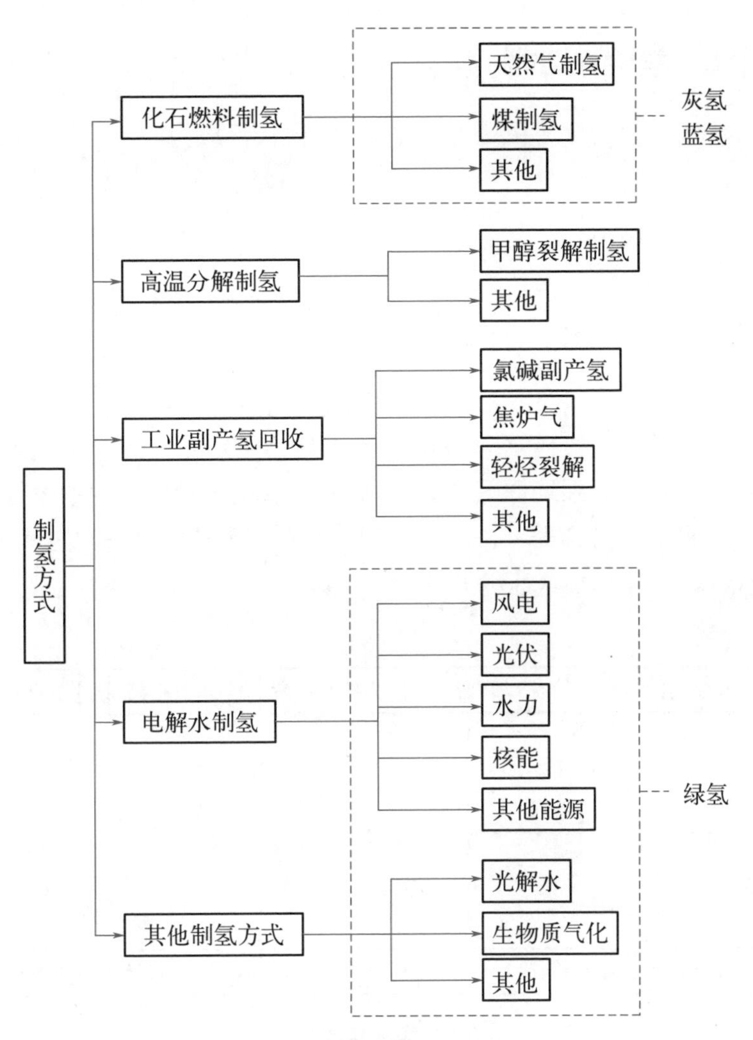

图4-1 常用制氢方法

图4-2 灰氢、蓝氢和绿氢

4-4 什么是电解水制氢？

将水电解为氢气和氧气的过程，其阴极反应为

$$2H_2O+2e \longrightarrow 2OH^-+H_2$$

阳极反应为

$$2OH^- \longrightarrow H_2O+\frac{1}{2}O_2+2e$$

总反应为

$$2H_2O \longrightarrow 2H_2+O_2$$

电解水制氢系统框图如图4-3所示。水电解槽中产生的氢气和氧气，分别经过气液分离器、洗涤（冷却）器、压力控制器进入氢气储罐和氧气储罐，供给用户或压缩充装。

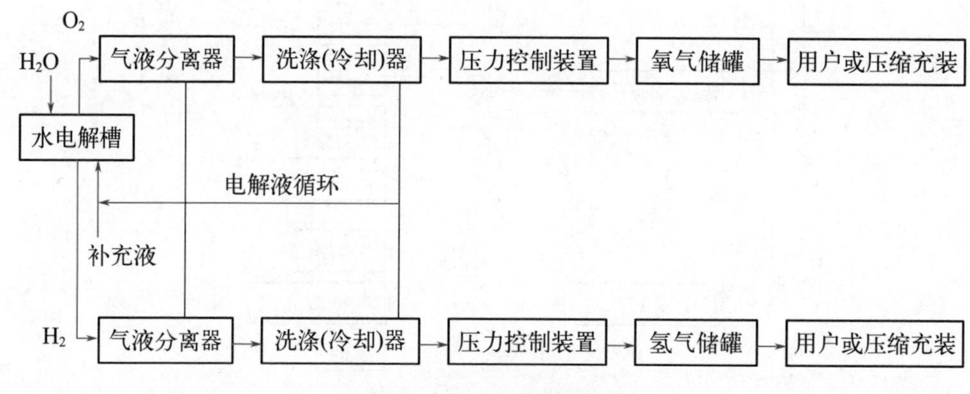

图4-3　电解水制氢系统框图

（1）**水电解槽**　电解水制氢系统的主体设备为水电解槽，如图4-4所示。

图4-5所示为水电解槽结构原理。水电解槽采用左右槽并联型结构，中间极板接直流电源正极，两端极板接直流电源负极，采用双极性极板和隔膜垫片组成多个电解池，并在槽内下部形成共用的进液口和排污口，上部形成各种氢碱和氧碱的气液体通道。正常生产时采用30%的氢氧化钾水溶液作为电解液，槽温控制在85 ~ 90℃。在电解液强制循环、水电解槽通直流电的条件下，氢气和氧气在水电解槽中产生，经过分离器完成气液分离后，产出的氢气和氧气被源源不断地送出系统。

图4-4 水电解槽

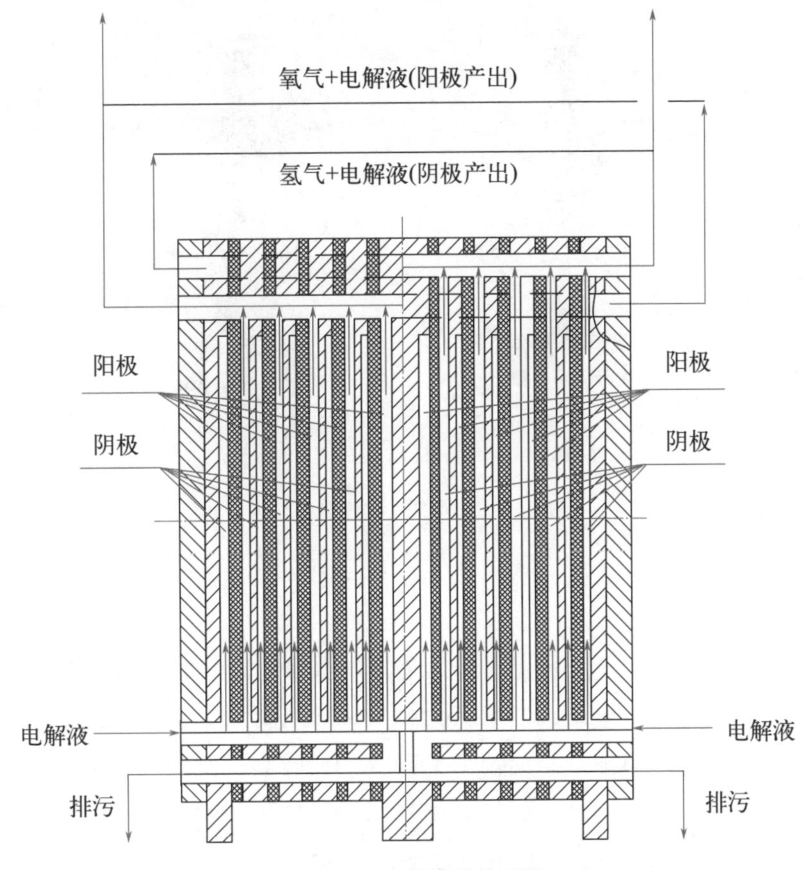

图4-5 水电解槽结构原理

（2）**气液分离器** 气液分离器的作用就是处理含有少量凝液的气体，实现凝液回收或者气相净化。其结构一般为一个压力容器，内部有相关进气构件、液滴捕集构件。一般气体由上部出口流出，液相由下部收集。

图4-6所示为旋风式气液分离器示意，其主要特点是结构简单，操作弹性大，管理维修方便，价格低廉，8μm以上液滴100%能去除，4 ~ 8μm液滴90% ~ 95%能去除。旋风式气液分离器的工作原理是气体通过设备入口进入设备内旋风分离区，当含杂质气体沿轴向进入旋风分离管后，气流受导向叶片的导流作用而产生强烈旋转，气流沿筒体呈螺旋形向下进入旋风筒体，密度大的液滴和尘粒在离心力作用下被甩向器壁，并在重力作用下，沿筒壁下落流出旋风管排尘口至设备底部储液区，从设备底部的出液口流出。旋转的气流在筒体内收缩向中心流动，向上形成二次涡流，经导气管流至净化室，再经设备顶部出口流出。

图4-6 旋风式气液分离器示意

（3）**洗涤（冷却）器** 洗涤（冷却）器是用来洗涤（冷却）氢气和氧气的，如图4-7所示。

目前，电解水制氢装置主要有碱性水电解槽、质子交换膜水电解槽和固体氧化物水电解槽。其中碱性水电解槽技术最为成熟，生产成本较低；质子交换膜水电解槽流程简单，能效较高，但因使用贵金属电催化剂等材料，成本偏高；固体氧化物水电解槽采用水蒸气电解，在高温环境下工作，能效最高，但尚处于研发阶段。

图4-8所示为某企业的电解水制氢装置，产氢量为500m^3/h。

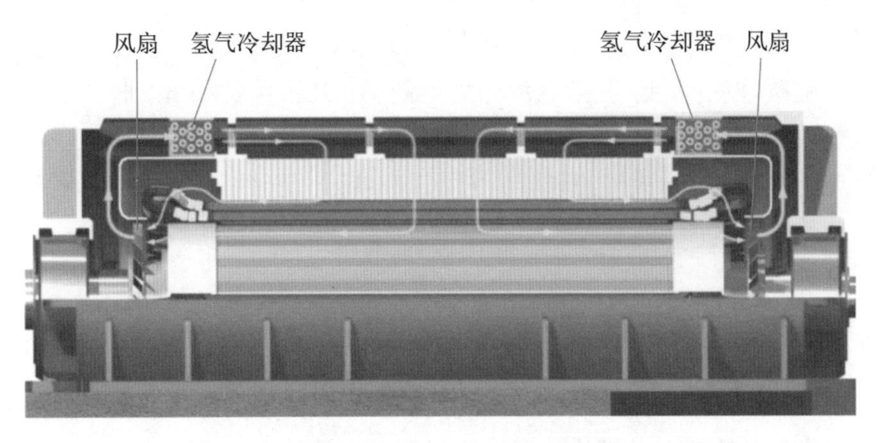

图4-7 洗涤（冷却）器

图4-8 某企业的电解水制氢装置

电解水制氢具有绿色环保、生产灵活、纯度高（通常在99.7%以上）以及副产品为高价值氧气等特点，但生产1m^{3}氢气的能耗为4～5kW·h，制氢成本受电价的影响很大，电价占总成本的70%以上。若采用市电生产，制氢成本为30 ~ 40元/kg，且考虑火电占比较大，依旧面临碳排放问题。一般认为当电价低于0.3元/（kW·h）时，电解水制氢成本接近传统化石燃料制氢。按照当前我国电力的平均碳强度计算，电解水得到1kg氢气的碳排放约为35.84kg，是化石能源重整制氢单位碳排放的3 ~ 4倍。

4-5 什么是天然气蒸汽重整制氢？

天然气蒸汽重整制氢是大规模工业制氢的主要方法。重整是指由原燃料制备富氢气体混合物的化学过程；天然气蒸汽重整是指通过天然气和水蒸气的化学反应制备富氢气体的过程；重整制氢是指碳氢化合物原料在重整器内进行催化反应获得氢气的过程。

天然气的主要成分是甲烷（CH_4），它与水蒸气在1100℃下进行反应，其反应方程式为

$$CH_4(g)+H_2O(g) \longrightarrow 3H_2(g)+CO(g)$$

式中，(g)代表气体。

气体产物中的CO可通过与水蒸气的变换反应转化为H_2和CO_2，其反应方程式为

$$CO(g)+H_2O(g) \longrightarrow H_2(g)+CO_2(g)$$

最终产物中的CO_2可通过高压水清洗去，所得氢气可直接用作工业原料气。如果要作为燃料电池电动汽车的燃料，还需要对其中的CO等杂质进行进一步的处理。

天然气蒸汽重整制氢系统主要由精脱硫装置、预热炉、蒸汽转化炉、余热锅炉、变换反应器、冷却器和变压吸附提纯装置等设备组成。天然气经精脱硫装置脱硫精制后，按一定的水碳比与水蒸气混合，经预热炉预热后进入蒸汽转化炉。在催化剂的作用下转化反应生产出H_2、CO、CO_2等气体，经余热锅炉回收热量后进入变换反应器，将CO变换成CO_2得到变换气。变换气经回收热量的余热锅炉、冷却器后降至常温，再经变压吸附提纯装置提纯得到纯度较高的氢气。变压吸附提纯装置的解吸气中含有CO、CH_4等可燃组分，经解吸气缓冲罐输送给蒸汽转化炉作为燃料气。天然气蒸汽重整制氢系统框图如图4-9所示。

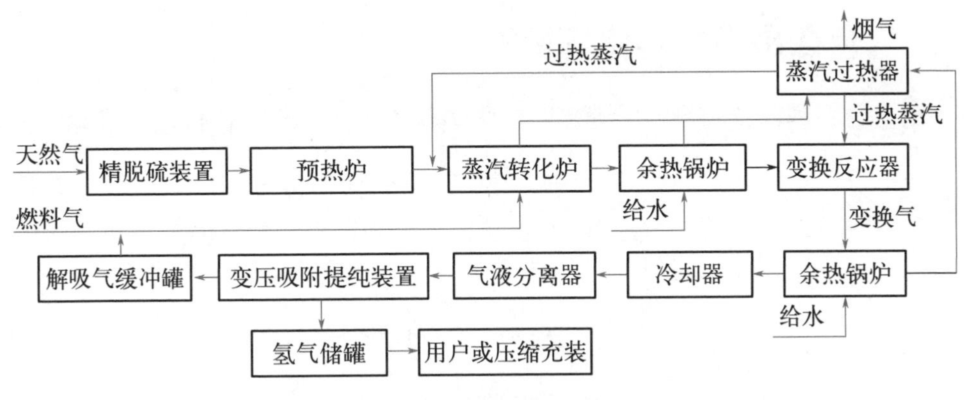

图4-9 天然气蒸汽重整制氢系统框图

天然气蒸汽重整制氢主要包括以下4个流程。

（1）原料预处理　原料预处理主要是指原料气的脱硫过程。

（2）天然气蒸汽转化　多采用镍系催化剂，将天然气中的烷烃转化为主要成分是一氧化碳和氢气的原料气。

（3）CO变换　CO在中温或高温以及催化剂条件下和水蒸气发生反应，生成H_2和CO_2的变换气。

（4）H_2提纯　对生成的H_2进行提纯，最常用的H_2提纯系统是变压吸附净化分离系统，净化后得到的H_2纯度最高可以达到99.99%。

图4-10所示为某企业的天然气制氢设备。

图4-10 某企业的天然气制氢设备

4-6 什么是甲醇转化制氢?

甲醇转化制氢的反应方程式为

$$CH_3OH \longrightarrow 2H_2+CO$$

分解产物混合气中的CO也可以通过变换反应与水蒸气作用转化为H_2和CO_2，即

$$CO(g)+H_2O(g) \longrightarrow H_2(g)+CO_2(g)$$

总反应为

$$CH_3OH(g)+H_2O(g) \longrightarrow CO_2(g)+3H_2(g)$$

甲醇转化制氢系统主要由加热器、转换器、过热器、汽化器、换热器、冷却器、水洗塔和变压吸附提纯装置等设备组成。甲醇和脱盐水按一定比例混合，由换热器预热后送入汽化器，汽化后的甲醇、蒸汽再经导热油过热后进入转换器催化变换成H_2、CO_2的转化气。转换器经换热、冷却冷凝后进入脱盐水水洗塔，在塔底收集未转化的甲醇和水以循环使用，将水洗塔塔顶的转化气送至变压吸附提纯装置。转换器、过热器和汽化器均由加热器加热后的导热油提供热量。甲醇转化制氢系统框图如图4-11所示。

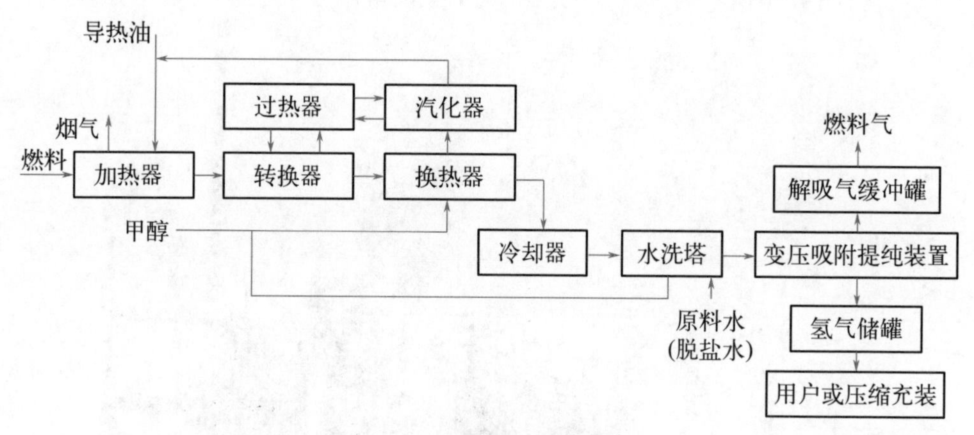

图4-11　甲醇转化制氢系统框图

图4-12所示为某企业的甲醇转化制氢装置。

图4-12 某企业的甲醇转化制氢装置

4-7 什么是可再生能源制氢？

可再生能源制氢主要有风能电解水制氢、太阳能电解水制氢和风能太阳能联合式电解水制氢。

由风能和太阳能转化的电能虽可直接用于电力供应，但存在电能难以有效储存、利用率较低、电力供应不稳定等缺点。若将风能和太阳能转化的部分电能用于电解水制氢获得氢气，可起到电能储存及电力负荷的削峰填谷作用。风能电解水制氢系统框图、太阳能电解水制氢系统框图和风能太阳能联合式电解水制氢系统框图如图4-13～图4-15所示。

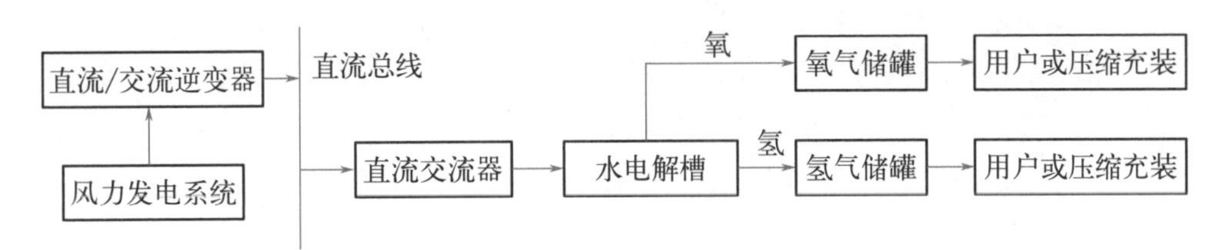

图4-13 风能电解水制氢系统框图

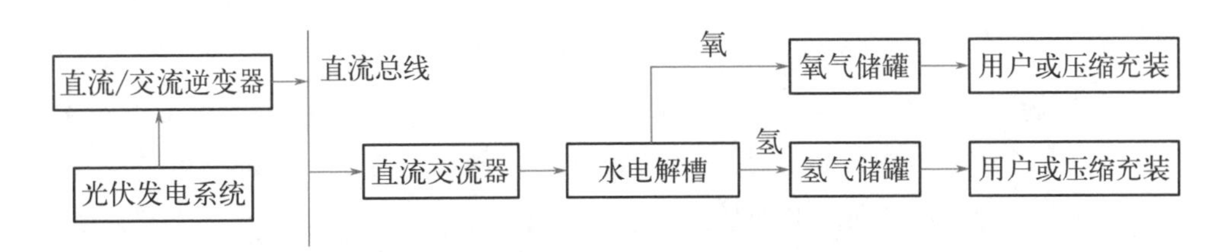

图4-14 太阳能电解水制氢系统框图

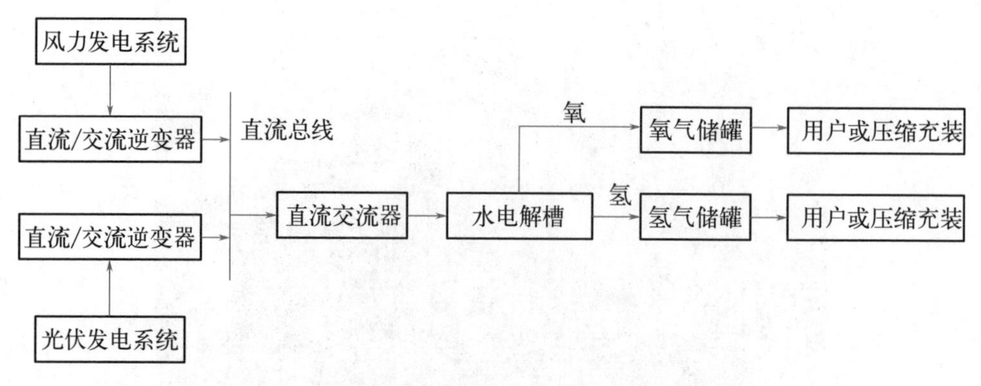

图4-15 风能太阳能联合式电解水制氢系统框图

4-8 氢气的储存方式有哪些?

储氢技术作为氢气从生产到利用过程中的桥梁，至关重要。可通过氢化物的生成与分解储氢，或者基于物理吸附过程储氢。目前，氢气的储存主要有气态储氢、液态储氢和固态储氢三种方式。高压气态储氢已得到广泛应用，低温液态储氢在航天等领域得到应用，有机液态储氢和固态储氢尚处于示范阶段。

（1）气态储氢 气态存储是对氢气加压，减小体积，以气体形式储存于特定容器中，根据压力大小的不同，气态储存又可分为低压储存和高压储存。氢气可以像天然气一样用低压储存，使用巨大的水密封储槽，该方法适合大规模储存气体时使用。气态高压储存是较普通和较直接的储存方式，通过高压阀的调节就可以直接将氢气释放出来。普通高压气态储氢是一种应用广泛、简便易行的储氢方式，而且成本低，充放气速度快，且在常温下就可进行。但其缺点是需要厚重的耐压容器，并要消耗较大的氢气压缩功，存在氢气易泄漏和容器爆破等不安全因素。高压气态储氢分为高压氢瓶和高压容器两大类，其中钢质氢瓶和钢质压力容器技术最为成熟，成本较低。20MPa钢质氢瓶已得到广泛的工业应用，并与45MPa钢质氢瓶、98MPa钢带缠绕式压力容器组合应用于加氢站中。碳纤维缠绕高压氢瓶的开发应用，实现了高压气态储氢由固定式应用向车载储氢应用的转变。

图4-16所示为某加氢站中的储氢瓶组，储氢压力为45MPa。

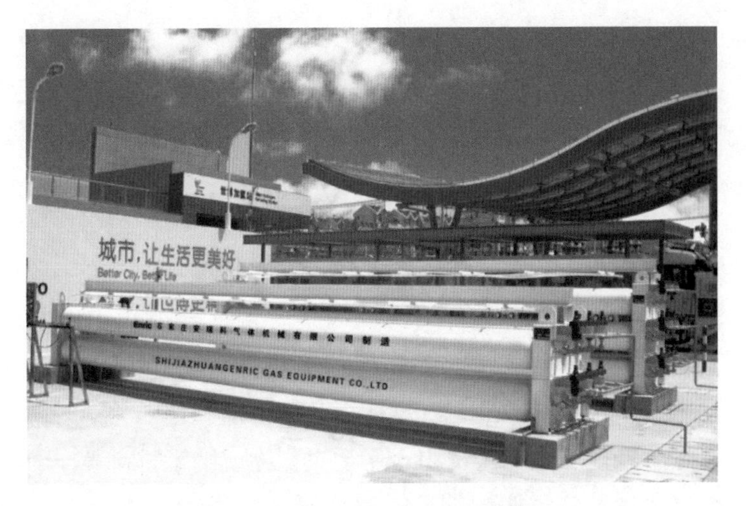

图4-16 某加氢站中的储氢瓶组

（2）液态储氢 氢气在一定的低温下，会以液态形式存在。因此，可以使用一种深冷的液氢储存技术——低温液态储氢。与空气液化相似，低温液态储氢也是先将氢气压缩，在经过节流阀之前进行冷却，经历焦耳-汤姆逊等焓膨胀后，产生一些液体。将液体分离后，将其储存在高真空的绝热容器中，气体继续进行上述循环。液氢储存具有较高的体积能量密度。常温、常压下液氢的密度为气态氢的845倍，体积能量密度比压缩储存要高好几倍，与同一体积的储氢容器相比，其储氢质量大幅度提高。液氢储存工艺特别适宜于储存空间有限的运载场合，如航天飞机用的火箭发动机、汽车发动机和洲际飞行运输工具等。若仅从质量和体积上考虑，液氢储存是一种极为理想的储氢方式。但是由于氢气液化要消耗很大的冷却能量，液化1kg氢需耗电4 ~ 10kW·h，因此增加了储氢和用氢的成本。另外液氢储存必须使用超低温用的特殊容器，液氢储存的装料和绝热不完善，容易导致较大的蒸发损失，因而其储存成本较高，安全技术也比较复杂。

液态储氢可分为低温液态储氢和有机液态储氢。

① 低温液态储氢。将氢气冷却至−253℃，液化储存于低温绝热液氢罐中，储氢密度可达70.6kg/m^3，但液氢装置一次性投资较大，液化过程中能耗较高，储存过程中有一定的蒸发损失，其蒸发率与储氢罐容积有关，大储罐的蒸发率远低于小储罐。国内液氢已在航天工程中成功应用，民用缺乏相关标准。

② 有机液态储氢。利用某些不饱和有机物（如烯烃、炔烃或芳香烃）与氢气进行可逆加氢和脱氢反应，实现氢的储存。加氢后形成的液体有机氢化物性能稳定，安全性高，储存方式与石油产品相似。但存在反应温度较高、脱氢效率较低、催化剂易被中间产物毒化等问题。

（3）固态储氢 固态储氢是利用固体对氢气的物理吸附或化学反应等作用，将氢气储存于固体材料中。固态储氢一般可以做到安全、高效、高密度，是气态储氢和液态储氢之后，较有前途的研究发现。固态储氢需要用到储氢材料，寻找和研制高性能的储氢材料，成为固态储氢的当务之急，也是未来储氢发展乃至整个氢能利用的关键。

固态储氢是以金属氢化物、化学氢化物或纳米材料等作为储氢载体，通过化学吸附和物理吸附的方式实现氢气的存储。固态储氢具有储氢密度高、储氢压力低、安全性好、放氢纯度高等优势，其体积储氢密度高于液态储氢。但主流金属储氢材料的质量储氢率仍低于3.8%（质量分数），质量储氢率大于7%（质量分数）的轻质储氢材料还需要解决吸放氢温度偏高、循环性能较差等问题。国外固态储氢已在燃料电池潜艇中得到商业应用，在分布式发电和风电制氢规模储氢中得到示范应用；国内固态储氢已在分布式发电中得到示范应用。

三种储氢技术比较见表4-2。

表4-2 三种储氢技术比较

项目	气态储氢	液态储氢	固态储氢
质量储氢密度/%	1.0 ~ 5.7	5.7 ~ 10	1.0 ~ 4.5
技术	在高温下将氢气压缩，以高密度气态形式储存	利用氢气在高压、低温条件下液化，体积密度为气态时的845倍，其输送效率高于高压气态储氢	利用固体对氢气的物理吸附或化学反应等作用将氢气储存于固体材料中，不需要压力和冷冻
优点	成本较低，技术成熟，充放氢快，能耗低，易脱氢，工作条件较宽	体积储氢密度高，液态氢纯度高	单位体积储氢密度高，操作安全方便，不需要高压容器，具备纯化功能，得到的氢气纯度高
缺陷	体积储氢密度低，体积比容量小，存在泄漏、爆炸的安全隐患	液化过程耗能大，易挥发，成本高	质量储氢密度低，成本高，吸放氢有温度要求，抗杂质气体能力差

续表

项目	气态储氢	液态储氢	固态储氢
技术突破	①进一步提高储氢罐的储氢压力、储氢质量密度；②改进储罐材质，向高压化、低成本、质量稳定的方向发展	①提高保温效率，须增加保温层或保温设备，克服保温与储氢密度之间的矛盾；②减少储氢过程中由于液氢汽化所造成的1%左右的损失；③降低保温过程所耗费的相当于液氢质量30%的能量	①提高质量储氢密度；②降低成本及温度要求
应用	目前发展最成熟、最常用的技术，也是车用储氢主要采用的技术	主要应用于航天航空领域，适合超大功率商用车辆	未来重要发展方向

我国储氢行业中发展的主流是高压气态储氢方式，大部分加氢站采用的是高压气态储氢。从国内储运企业中也可看出，采用高压气态储氢路线的企业占比是最大的。

纵观国内储氢市场，高压气态储氢技术比较成熟，且优点明显，在未来一定时间内都将是国内主推的储氢技术；但由于高压存在安全隐患和体积容量比低的问题，在氢燃料汽车上的应用并不完美。低温液态储氢技术在我国还处在只服务于航天航空的阶段，短期内应用于民用领域还不太可能；低温液态储氢技术成本高昂，长期来看，在国内商业化应用前景不如其他储氢技术。固态储氢应用在燃料电池电动汽车上优点十分明显，但现在仍存有技术上的难题；短期内，应该还不会有较大范围的应用，但长期来看发展潜力比较大。

4-9 氢气的输送方式有哪些?

根据输送过程中氢气的状态不同，可以分为气态输送、液态输送和固态输送，其中气态输送和液态输送是主要输送方式。

（1）气态输送　高压气态氢输送可分为长管拖车输送和管道输送两种方式。高压长管拖车输送是氢气近距离输送的重要方式，技术较为成熟，国内常以20MPa长管拖车运氢，单车运氢约300kg；国外则采用

45MPa纤维全缠绕高压氢瓶长管拖车运氢，单车运氢可提至700kg。图4-17所示为氢气的长管拖车输送。

图4-17　氢气的长管拖车输送

管道输送是实现氢气大规模、长距离运输的重要方式。管道运行压力一般为1.0 ~ 4.0MPa，具有输氢量大、能耗小和成本低等优势，但建造管道一次性投资较大。在初期可积极探索掺氢天然气方式，以充分利用现有管道设施。图4-18所示为氢气的管道输送。

图4-18　氢气的管道输送

（2）液态输送 液态输送通常适用于距离较远、运输量较大的场合。其中，液氢罐车可运7t氢，铁路液氢罐车可运8.4 ~ 14t氢，专用液氢驳船的运量则可达70t。采用液氢储运能够减少车辆运输频次，提高加氢站单站供应能力。日本、美国已将液氢罐车作为加氢站运氢的重要方式之一。图4-19所示为液氢罐车。

图4-19 液氢罐车

（3）固态输送 轻质储氢材料兼具高的体积储氢密度和质量储氢率，作为运氢装置具有较大潜力。低压高密度固态储罐仅作为随车输氢容器使用，加热介质和装置固定放置于充氢和用氢现场，可以同步实现氢的快速充装及其高密度、高安全输送，提高单车运氢量和运氢安全性。

氢气不同输送方式的比较见表4-3，表中数据仅供参考，具体数据以实际为主。

表4-3 氢气不同输送方式的比较

输送方式	运输工具	压力/MPa	载氢量/（kg/车）	体积储氢密度/（kg/m^3）	质量储氢密度（质量分数）/%	成本/（元/kg）	能耗/（kW·h/kg）	经济距离/km
气态输送	长管拖车	20	300 ~ 400	14.5	1.1	2.02	1 ~ 1.3	≤ 150
	管道	1 ~ 4	—	3.2	—	0.3	0.2	≥ 500
液态输送	液氢罐车	0.6	7000	64	14	12.25	15	≥ 200
固态输送	货车	4	300 ~ 400	50	1.2	—	10 ~ 13.3	≤ 150

目前，我国氢气的储存以高压气态方式为主。氢能市场渗透前期，车载储氢将以70MPa气态方式为主，辅以低温液氢和固态储氢。氢气的输送将以45MPa长管拖车、低温液氢、管道（示范）输送等方式，因地制宜，协同发展。中期（2030年），车载储氢将以气态、低温液态为主，多种氢技术相互协同，氢气的输送将以高压、液态氢罐和管道输送相结合，多种氢技术相互协同，针对不同细分市场和区域同步发展。远期（2050年），氢气管网将密布于城市和乡村，车载储氢将采用更高储氢密度、更高安全性的技术。

4-10 什么是车载储氢系统？

车载储氢是燃料电池电动汽车应用的关键技术之一，主要功能是实现高压氢气的加注、储存和供应。在车载储氢系统设计开发过程中，应充分遵照相关国家标准，从设计开发到集成安装，均应满足功能要求和安全要求。

车载储氢系统一般分为加氢模块、储氢模块、供氢模块和控制监测模块，如图4-20所示，图中PT代表压力传感器；V代表压力表；TT代表温度传感器。

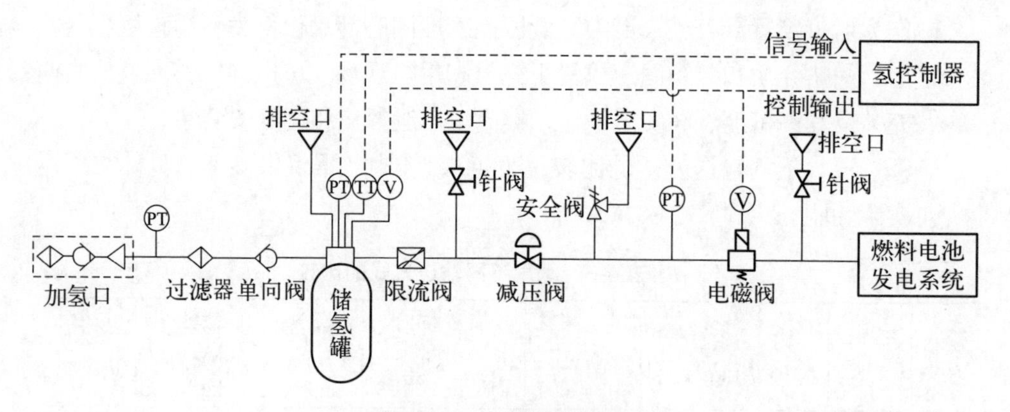

图4-20　车载储氢系统

（1）加氢模块　加氢模块一般包含加氢口、压力表（压力传感器）、过滤器、单向阀等，通过与加氢枪连接实现车辆加注氢气的功能。为了保证加氢过程的安全可靠，应在充分考虑加氢时的温升问题、静电消除问题、气密性问题等的基础上，对加氢模块进行安全设计。

（2）**储氢模块** 储氢模块一般包含储氢罐、限流阀、压力传感器、安全泄放装置等。当管路内的压力异常降低或流量反常增大时，限流阀能够有效自动切断储氢罐内的氢气供应，压力传感器可以通过氢控制器向整车或燃料电池控制器传递压力信息。

（3）**供氢模块** 供氢模块一般包含减压阀、安全阀、排空阀（排空口）、电磁阀等。为了保证供氢模块的安全可靠，减压阀应能保证输出压力的稳定可靠；安全阀能够实现管路压力超过一定限值后的起跳泄放功能，并在管路压力恢复正常后，可以恢复原状态；排空阀用于维修时排空氢气；电磁阀的作用是在给储氢罐充气时防止气体进入车用氢燃料电池发电系统。

（4）**控制监测模块** 控制监测模块一般是由电气系统组成的，通过氢控制器实现车载储氢系统运行状态的监测，其中包括储氢罐的开启状态、罐内的温度、管路的压力以及氢浓度传感器测量值，还要稳定高效地控制罐口组合阀和其他电磁阀的开启及关闭，计算车载储氢系统运行的耗氢量，对剩余氢气量进行估算，实现不同故障的识别，以及通过CAN总线与整车通信，将接收来的信息发送给整车控制器，并接收整车控制器的指令做出相应动作。

图4-21所示为丰田Mirai车载储氢系统框架。

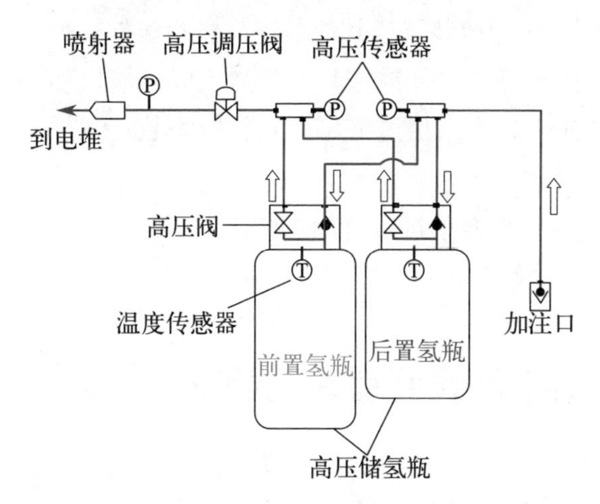

图4-21 丰田Mirai车载储氢系统框架

4-11 车载储氢系统一般要求有哪些?

车载储氢系统有以下一般要求。

① 车载储氢系统应符合《燃料电池电动汽车　安全要求》(GB/T 24549—2020)的规定，且车载储氢系统及其装置的安装应能在正常使用条件下，能安全、可靠地运行。

② 车载储氢系统应最大限度地减少高压管路连接点的数量，保证管路连接点施工方便、密封良好、易于检查和维修。

③ 车载储氢系统中与氢气接触的材料应与氢兼容，并应充分考虑氢脆现象对设计使用寿命的影响。

④ 储氢容器组布置应保证车辆在空载、满载状态下的载荷分布符合相关规定。

⑤ 车载储氢系统中使用的部件、元件、材料等，如储氢容器、压力调节阀、主关断阀、压力释放阀、压力释放装置、密封件及管路等，应是符合相关标准的合格产品。

⑥ 主关断阀、储氢容器单向阀和压力释放装置应集成在一起，装在储氢容器的端头。主关断阀的操作应采用电动方式，并应在驾驶员易于操作的部位，当断电时应处于自动关闭状态。

⑦ 应有过流保护装置或其他装置，当检测储氢容器或管道内压力的装置检测到压力反常降低或流量反常增大时，能自动关断来自储氢容器内的氢气供应；如果采用过流保护阀，应安装在主关断阀上或靠近主关断阀。

⑧ 每个储氢容器的进口管路上都应安装手动关断阀或其他装置，在加氢、排氢或维修时，可用来单独隔断各个储氢容器。

4-12 储氢容器和管路有哪些要求?

储氢容器和管路要满足以下要求。

① 不允许采用更换储氢容器的方式为车辆加注氢气。

② 储氢系统管路安装位置及走向要避开热源以及电气、蓄电池等可能产生电弧的地方，至少应有200mm的距离，尤其是管路接头不能位于密闭的空间内。高压管路及部件可能产生静电的地方要可靠接地，或有

其他控制氢气泄漏及浓度的措施，即便在产生静电的地方，也不会发生安全问题。

③ 储氢容器和管路一般不应装在乘客舱、后备厢或其他通风不良的地方。如果不可避免要安装在后备厢或其他通风不良的地方时，应设计通风管路或其他措施，将可能泄漏的氢气及时排出。

④ 储氢容器和管路等应安装牢固，紧固带与储氢容器之间应有缓冲保护垫，以防止行车时发生位移和损坏。当储氢容器按照标称工作压力充满氢气时，固定在储氢容器上的零件，应能承受车辆加速或制动时的冲击而不发生松动现象。有可能发生损坏的部位应采取覆盖物加以保护。储氢容器紧固螺栓应有放松装置，紧固力矩符合设计要求。储氢容器安装紧固后，在上、下、前、后、左、右六个方向上应能承受8*g*的冲击力，保证储氢容器与固定座不损坏，相对位移不超过13mm。

⑤ 支撑和固定管路的金属零件不应直接与管路接触，但管路与支撑和固定件直接焊合或使用焊料连接的情况例外。

⑥ 刚性管路布置合理、排列整齐，不得产生与相邻部件碰撞和摩擦；管路保护垫应能抗振和消除热胀冷缩的影响，管路弯曲时，其中心线曲率半径应不小于管路外直径的5倍。两端固定的管路在其中间应有适当的弯曲，支撑点的间隔应不大于1m。

⑦ 刚性管路及附件的安装位置，应距车辆的边缘至少有100mm的距离。否则，应增加保护措施。

⑧ 对可能受排气管、消声器等热源影响的储氢容器和管道等，应有适当的热绝缘保护。要充分考虑使用环境对储氢容器可能造成的伤害，需要对储氢容器组加装防护装置。直接暴露在阳光下的储氢容器应有必要的覆盖物或遮阳棚。

⑨ 当车辆发生碰撞时，主关断阀应根据设计的碰撞级别，立即（自动）关闭，切断向管路的燃料供应。

4-13 储氢罐有哪些类型？

储氢罐根据制造材料不同共分为四种类型：全金属气罐（Ⅰ型）、金属内胆纤维环向缠绕气罐（Ⅱ型）、金属内胆纤维全缠绕气罐（Ⅲ型）、非金属内胆纤维全缠绕气罐（Ⅳ型）；根据气瓶压力不同可以分为高压储氢罐和常压储氢罐；根据氢气储存状态不同可以分为固态储氢罐、气态储氢罐和液态储氢罐，如图4-22所示。目前最常用的标准是根据储氢罐制造材料的不同而进行的分类标准。

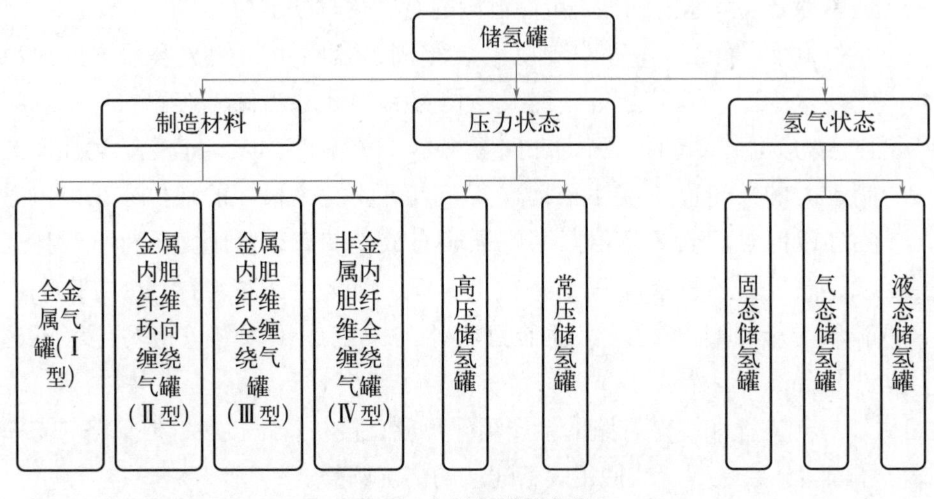

图4-22 储氢罐的分类

不同类型储氢罐，其适用场景和相关性能也有所不同，目前Ⅰ型、Ⅱ型储氢罐技术较为成熟，主要用于常温常压下的大容量氢气储存，Ⅲ型和Ⅳ型储氢罐主要是高压、液体储氢，适用于燃料电池电动汽车、加氢站等。

Ⅰ型和Ⅱ型储氢罐的储氢密度低，安全性能差，难以满足车辆储氢密度的要求。Ⅲ型、Ⅳ型储氢罐具有提高安全性、减轻重量、提高储氢密度等优点，在汽车上得到了广泛的应用，国外多为Ⅳ型储氢罐，国内多为Ⅲ型储氢罐。不同储氢罐的特点见表4-4。

表4-4 不同储氢罐的特点

项目	型号			
	Ⅰ型	Ⅱ型	Ⅲ型	Ⅳ型
材料	纯钢质金属	钢质内胆，纤维环绕	铝内胆，纤维缠绕	塑料内胆，纤维缠绕
压力 /MPa	17.5 ~ 20	26.3 ~ 30	30 ~ 70	70 以上
使用寿命 / 年	15	15	15 ~ 20	15 ~ 20

续表

项目	型号			
	Ⅰ型	Ⅱ型	Ⅲ型	Ⅳ型
储氢密度	低	低	高	高
成本	低	中等	最高	高
应用情况	加氢站等固定式储氢应用		车载储氢应用	车载储氢应用

储氢密度是储氢系统的性能指标，一般采用质量储氢密度与体积储氢密度这两个参数来评估储氢系统的储氢能力。

4-14 储氢罐有哪些特点?

目前，车载高压气态储氢罐主要包括铝内胆纤维缠绕瓶（Ⅲ型）和塑料内胆纤维缠绕瓶（Ⅳ型），车载储氢罐体积和质量受限，充装有特殊要求，使用寿命长且使用环境多变，因此，轻量化、高压力、高储氢密度和长寿命是车载储氢罐的特点。

（1）轻量化　车载储氢罐的质量影响燃料电池电动汽车的续驶里程，储氢系统的轻量化既是成本的体现，也是高压储氢商业化道路上不可逾越的技术瓶颈。Ⅳ型储氢罐因其内胆为塑料，所以质量相对较轻，具有轻量化的潜力，比较适合乘用车使用，目前丰田公司的燃料电池电动汽车Mirai已经采用了Ⅳ型储氢罐的技术。

（2）高压力　我国的储氢罐多以金属内胆为主（Ⅲ型），为了能够装载更多的氢气，提高压力是较重要且方便的途径，目前已经采用70MPa储氢罐。

（3）高储氢密度　车载储氢罐大多为Ⅲ型、Ⅳ型。我国的储氢罐多为Ⅲ型，其储氢密度一般在5%左右。而塑料内胆纤维缠绕瓶（Ⅳ型）采用高分子材料做内胆，碳纤维复合材料缠绕作为承力层，储氢密度可达6%以上，最高能达到7%，因此成本可以进一步降低。

（4）长寿命　普通乘用车寿命一般是15年左右，在此期间，Ⅲ型储氢罐会被定期检测，以保证安全性。对于Ⅳ型储氢罐，由于其内胆为塑料，不易疲劳失效，因此与Ⅲ型储氢罐相比，其疲劳寿命较长。

图4-23所示为丰田Mirai高压储氢罐层压结构。

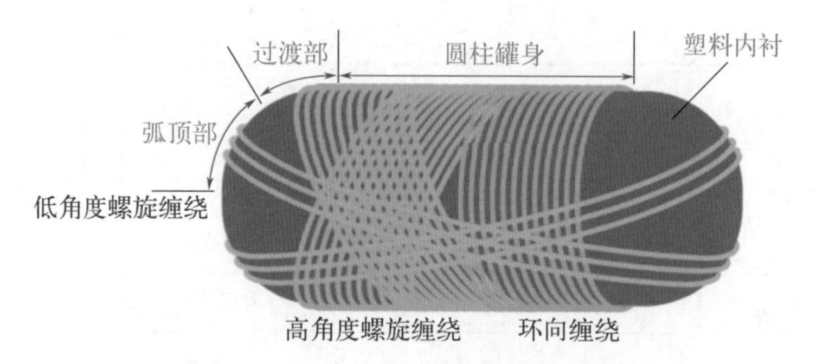

图4-23　丰田Mirai高压储氢罐层压结构

4-15 储氢罐在燃料电池电动汽车上如何布置?

车载储氢罐的体积和容量是关系燃料电池电动汽车续驶里程的最重要因素，单纯从提高燃料电池电动汽车续驶里程角度出发，车载储氢罐底盘布置方案无疑是最佳选项，如图4-24所示。

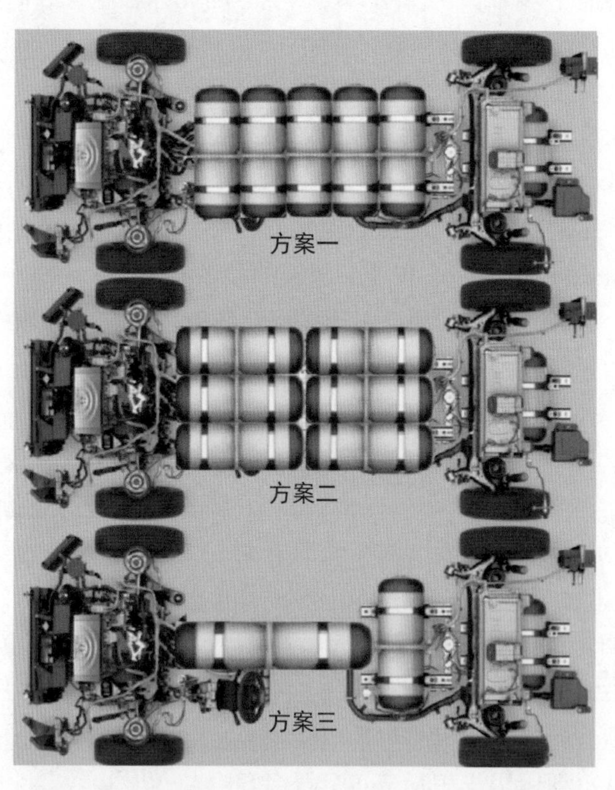

图4-24　车载储氢罐在燃料电池电动汽车上的布置

4-16 加氢站是如何分类的？

加氢站的划分有多种方法，可以根据氢气来源划分、根据加氢站内氢气储存相态划分、根据供氢压力等级划分、根据国家标准划分。

（1）根据氢气来源划分 根据氢气来源不同，加氢站分为站外供氢加氢站和站内制氢加氢站。

① 站外供氢加氢站是指通过长管拖车、液氢槽车或管道输送氢气至加氢站，在站内进行压缩、存储、加注等操作。

② 站内制氢加氢站是指在加氢站内配备了制氢系统，得到的氢气经纯化、压缩后进行存储、加注。站内制氢包括电解水制氢、天然气重整制氢等方式，可以省去较高的氢气运输费用，但是增加了加氢站系统复杂程度和运营水平。

加氢站工艺流程如图4-25所示。

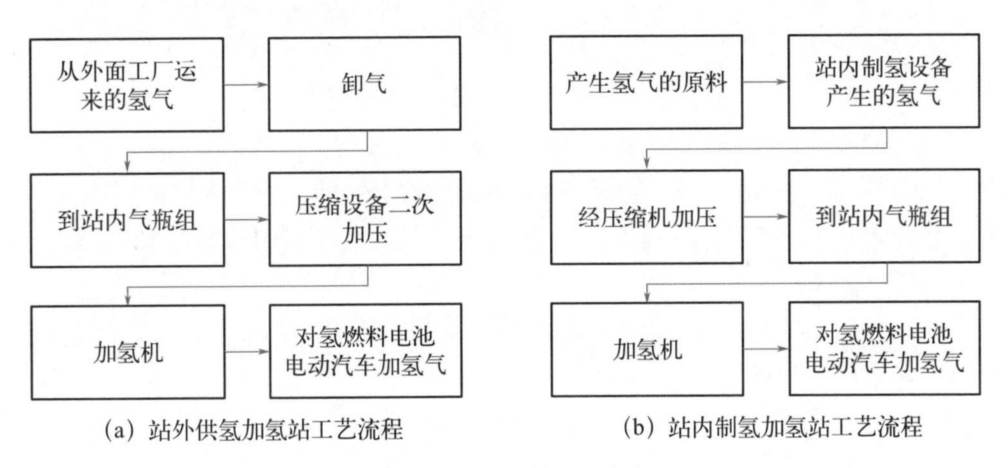

图4-25 加氢站工艺流程

（2）根据加氢站内氢气储存相态划分 根据加氢站内氢气相态不同，加氢站分为气氢加氢站和液氢加氢站。

① 气氢加氢站是指通过外部供氢和站内制氢获得氢气，经过调压干燥系统处理后转化为压力稳定的干燥气体，随后在氢气压缩机的输送下进入高压储氢罐储存，最后通过氢气加注机为燃料电池电动汽车进行加氢。

② 液氢加氢站由液氢储罐、高效液氢增压泵、高压液氢汽化器及氢气储罐、加氢机和控制系统等关键模块组成。由于液氢温度低，需要在换热器中与空调制冷剂换热后再通入车厢。

加氢站原理如图4-26所示。

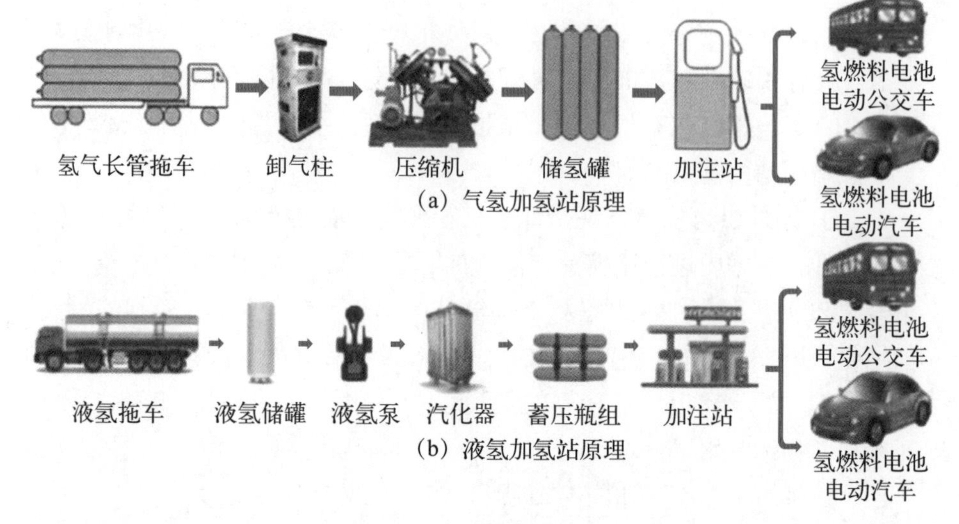

图4-26　加氢站原理

(3) 根据供氢压力等级划分　根据供氢压力等级不同，加氢站有35MPa和70MPa压力供氢两种。用35MPa压力供氢时，氢气压缩机的工作压力为45MPa，高压储氢瓶工作压力为45MPa，一般供乘用车使用；用70MPa压力供氢时，氢气压缩机的工作压力为98MPa，高压储氢瓶工作压力为87.5MPa。

(4) 根据国家标准划分　根据国家相关标准，加氢站分为独立加氢站、加氢合建站。

① 独立加氢站是指为氢能车辆，包括氢燃料电池电动汽车或氢气内燃机汽车或氢气混合燃料汽车等的车用储氢瓶充装燃料的固定的专门场所，如图4-27所示。

图4-27　独立加氢站

② 加氢站与汽车加油、加气站和电动汽车充电站等设施两站合建或多站合建的场所称为加氢合建站，如图4-28所示。

图4-28 加氢合建站

4-17 加氢机组成是怎样的?

加氢机是指给燃料电池电动汽车提供氢气燃料充装服务，并带有计量和计价等功能的专用设备，如图4-29所示。

图4-29 加氢机

加氢机通常主要由高压氢气管路及安全附件、质量流量计、加氢枪、控制系统和显示器等组成，其典型流程框图如图4-30所示。图中虚线框内为加氢机的主要组成部分，虚线框外是加氢机与外部的主要接口。氢气从气源接口进入加氢机进气管路，依次经过气体过滤器、进气阀、质量流量计、加氢软管、拉断阀、加氢枪后通过汽车加氢口充入车载储氢瓶。加氢机的控制系统自动控制加氢过程，并与加氢站站控系统、汽车加氢通信接口等实时通信。

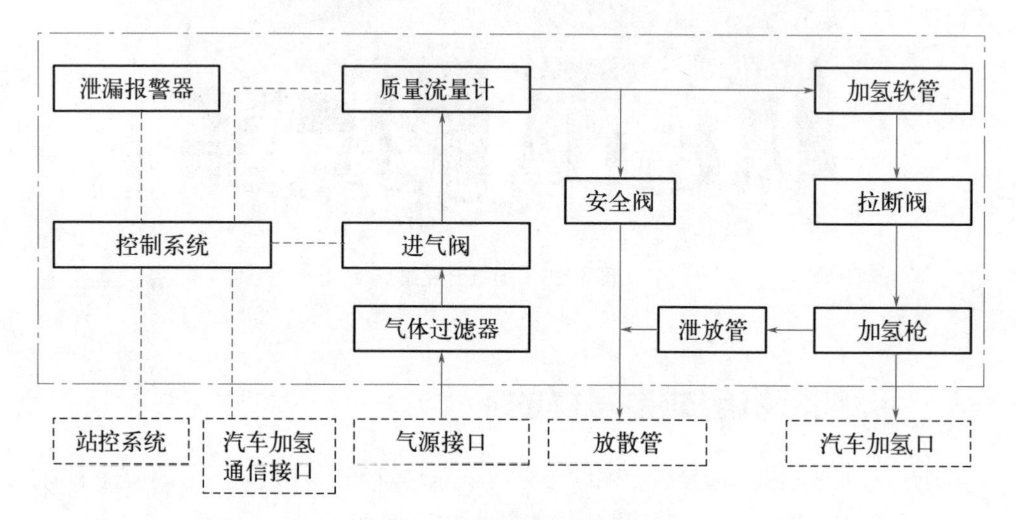

图4-30　加氢机典型流程框图

4-18 加氢口有哪些性能要求?

加氢口是指燃料电池电动汽车上与加氢枪相连接的部件总成，如图4-31所示。加氢口外保护盖内侧应有明显的工作压力、氢气标志等，如“35MPa、氢气”“70MPa、氢气”“35MPa、H_2”“70MPa、H_2”。

加氢口具有以下性能要求。

（1）气密性要求　按规定方法进行气密性试验，首先用检漏液检查，如果1min之内无气泡产生则为合格；如果产生气泡，继续采用检漏仪或其他方式进行测量，其等效氢气泄漏率不应超过0.02L/h（标准状态下）。

（2）耐振性要求　按规定的方法进行耐振性试验后，所有连接件都不应松动，其气密性符合要求。

（3）耐温性要求　按规定的方法进行耐温性试验后，不应有气泡产生。

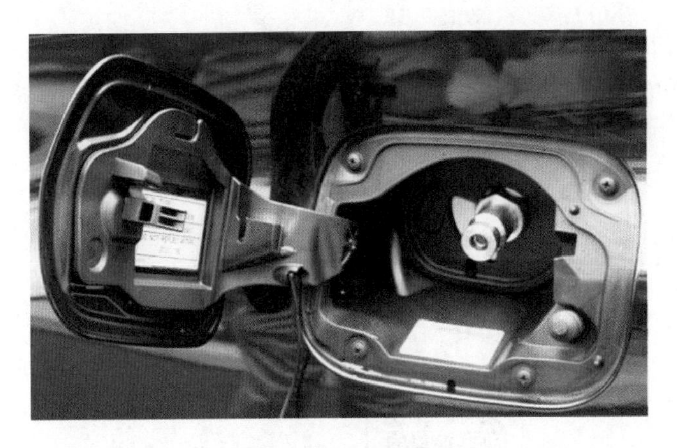

图4-31 加氢口

（4）**液静压强度要求** 加氢口的承压零件按规定的方法进行液静压强度试验后，应不出现任何裂纹、永久变形。

（5）**耐久性要求** 加氢口的单向阀按规定进行耐久性试验后，不应出现异常磨损，且应符合气密性的要求和液静压强度的要求。

（6）**耐氧老化要求** 加氢口与氢气接触的密封件，按照规定的方法进行耐氧老化试验后，不应出现明显变形、变质、斑点及裂纹等现象。

（7）**耐臭氧老化要求** 加氢口与空气接触的密封件，按照规定的方法进行耐臭氧老化试验后，不应出现明显变形、变质、斑点及裂纹等现象。

（8）**相容性要求** 加氢口与氢气接触的非金属零件，按规定的方法进行相容性试验后，其体积膨胀率应不大于25%，体积收缩率应不大于1%；质量损失率应不大于10%。

（9）**耐盐雾腐蚀要求** 按规定方法进行耐盐雾腐蚀试验后，加氢口不应出现腐蚀或保护层脱落的迹象；加氢口应符合气密性的要求。

（10）**耐温度循环性要求** 按规定的方法进行耐温度循环性试验，试验中气体压力不应低于70%的公称工作压力，试验后加氢口应符合气密性要求和液静压强度要求。

4-19 加氢枪的结构是怎样的？

加氢枪是指安装在加氢机加氢软管末端，用于连接加氢机与车辆加注接口的装置。加氢枪主要有35MPa和70MPa两种。加氢枪工作压力为35MPa时，主要用于公交车、城市物流车的充氢需求；70MPa加氢系统因其单位体积气瓶充氢质量高的特点，用以满足需要长行驶要求的轿车和重型卡车等。轿车加注时间约为3min，大客车和重卡加注时间约为10min。

加氢枪的结构如图4-32所示，其质量为2.4kg，额定工作压力为70MPa，最大工作压力为87.5MPa，工作温度为−40 ~ 85℃，吹扫流量（标准状况）为500L/h。

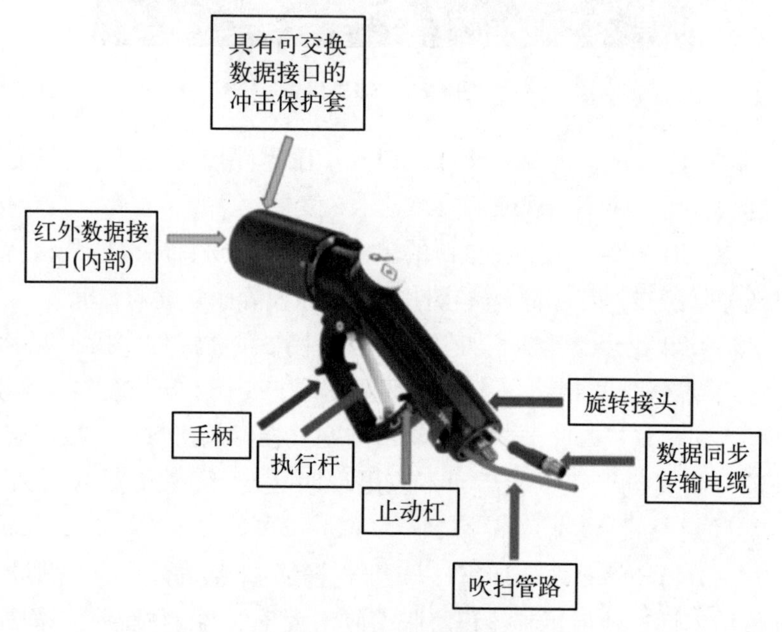

图4-32　加氢枪的结构

加氢枪具有开关控制、吹扫系统（氮气系统）、回收检测以及加满自动关闭等功能。带有可更换的喷嘴接收器，可在不使用时冲洗加注喷嘴。配有吹扫管路，允许在加注过程中或之后用氮气冲洗软管，这样可以防止在加注预冷氢气时水分的进入和冰晶的形成。

加氢枪需要配备车载的具有红外通信功能的红外数据模块，它位于加氢枪的前端，使得车辆和加氢站之间的数据信息传输更加流畅，可以读取加氢工作中氢瓶压力、温度、容量等信息，确保加氢的安全性，从而实现最佳加注水平。

第5章 车用氢燃料电池的应用

5-1 燃料电池电动汽车的组成是怎样的?

典型燃料电池电动汽车主要由燃料电池、高压储氢罐、辅助动力源、DC/DC转换器、驱动电机和整车控制器等组成，如图5-1所示。

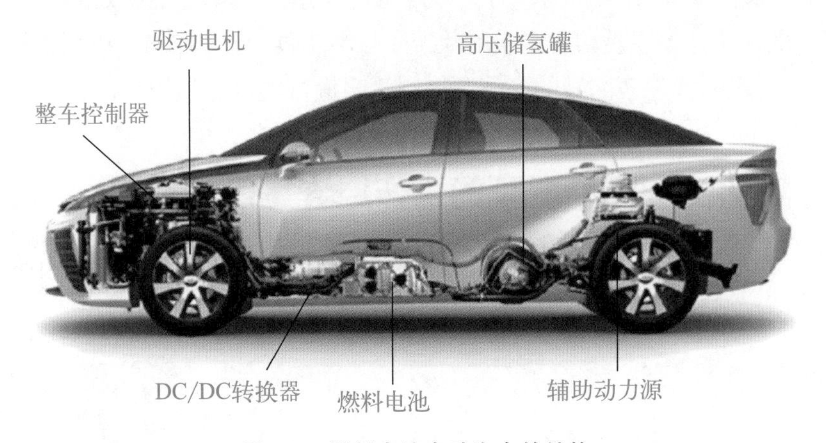

图5-1 燃料电池电动汽车的结构

（1）**燃料电池** 燃料电池是燃料电池电动汽车的主要动力源，它是一种不燃烧燃料而直接以电化学反应方式将燃料的化学能转变为电能的高效发电装置。

（2）**高压储氢罐** 高压储氢罐是气态氢的储存装置，用于给燃料电池供应氢气。为保证燃料电池电动汽车一次充气有足够的续驶里程，需要多个高压储氢罐来储存气态氢气。一般轿车需要2 ~ 4个高压储气瓶，大客车上需要5 ~ 10个高压储氢罐。

（3）**辅助动力源** 根据燃料电池电动汽车的设计方案不同，其采用的辅助动力源也有所不同，可以用蓄电池组、飞轮储能器或超大容量电容器等共同组成双电源系统。蓄电池可采用镍氢蓄电池或锂离子蓄电池。

（4）DC/DC转换器 燃料电池电动汽车的燃料电池需要装置单向DC/DC转换器，蓄电池和超级电容器需要装置双向DC/DC转换器。DC/DC转换器的主要功能有调节燃料电池的输出电压，能够升压到650V；调节整车能量分配；稳定整车直流母线电压。

（5）驱动电机 燃料电池电动汽车用的驱动电机主要有直流电机、交流电机、永磁同步电机和开关磁阻电机等，具体选型必须结合整车开发目标，综合考虑电机的特点，以永磁同步电机为主。

（6）整车控制器 整车控制器是燃料电池电动汽车的“大脑”，由燃料电池管理系统、电池管理系统、驱动电机控制器等组成，它一方面接收来自驾驶员的需求信息（如点火开关、油门踏板、制动踏板、挡位信息等）实现整车工况控制，另一方面基于反馈的实际工况（如车速、制动、电机转速等）以及动力系统的状况（燃料电池及动力蓄电池的电压、电流等），根据预先匹配好的多能源控制策略进行能量分配调节控制。

5-2 燃料电池电动汽车的工作原理是怎样的?

燃料电池电动汽车的工作原理如图5-2所示，高压储氢罐中的氢气

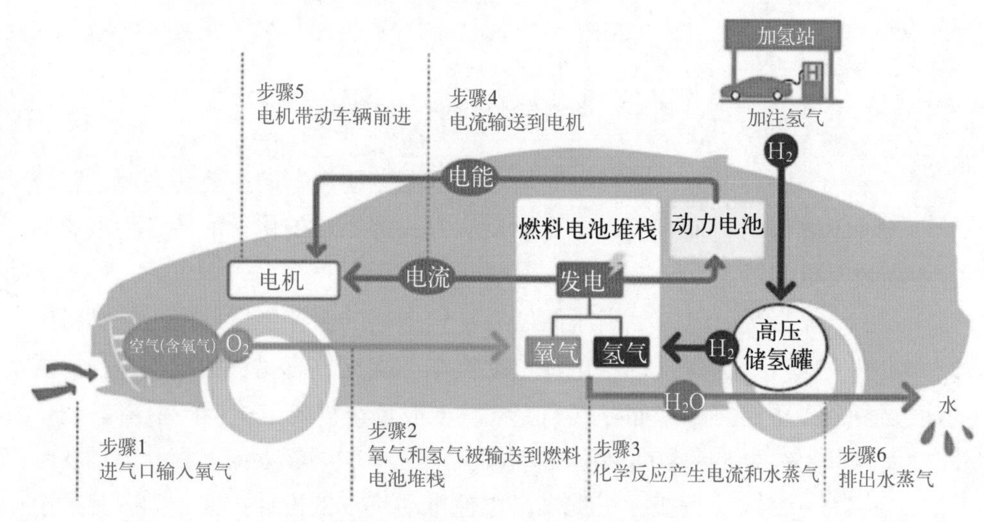

图5-2 燃料电池电动汽车的工作原理

和空气中的氧气在汽车搭载的燃料电池中发生氧化还原反应，产生电能驱动电机工作，驱动电机产生的机械能经变速传动装置传给驱动轮，驱动汽车行驶。

燃料电池电动汽车行驶工况分为启动、一般行驶、加速行驶以及减速行驶。

（1）启动工况　车辆启动时，由车载动力电池进行供电，此时，来自动力电池的电源直接提供给驱动电机，使电机工作，驱动车轮转动，但燃料电池不参与工作。

（2）一般行驶工况　一般行驶工况下，来自高压储氢罐的氢气经高压管路提供给燃料电池，同时，来自空气压缩机的氧气也提供给燃料电池，经质子交换膜内部产生电化学反应，产生的电压（如300V）经DC/DC转换器进行升压，达到燃料电池电动汽车所需要的电压（如650V），经动力控制单元转换为交流电提供给驱动电机，驱动电机运转，带动车轮转动。

（3）加速行驶工况　加速时，除了燃料电池正常工作外，还需要由车载动力电池参与工作，以提供额外的电力供驱动电机使用，此时车辆处于大负荷工况下。

（4）减速行驶工况　减速时，车辆在惯性作用下行驶，此时燃料电池不再工作，车辆减速所产生的惯性能量由驱动电机转换为发电机进行发电，经动力控制单元将其转换为直流电后，反馈回车载动力电池进行电能的回收。

5-3 燃料电池电动汽车的特点有哪些？

（1）燃料电池电动汽车的优点　燃料电池电动汽车与内燃机汽车和纯电动汽车相比，具有以下优点。

① 效率高。燃料电池的工作过程是化学能转化为电能的过程，不受卡诺循环的限制，能量转换效率较高，可以达到30%以上，而汽油机和柴油机汽车整车效率分别为16% ~ 18%和22% ~ 24%。

② 续驶里程长。采用燃料电池发电系统作为能量源，克服了纯电动汽车续驶里程短的缺点，其长途行驶能力及动力性已经接近传统内燃机汽车。

③ 绿色环保。燃料电池没有燃烧过程，以纯氢作燃料，生成物只有水，属于零排放。采用其他富氢有机化合物用车载重整器制氢作为燃料电池的燃料，生产物除水之外还可能有少量的CO_2，接近零排放。

④ 过载能力强。燃料电池除了在较宽的工作范围内具有较高的工作效率外，其短时过载能力可达额定功率的200%或更大。

⑤ 低噪声。燃料电池属于静态能量转换装置，除了空气压缩机和冷却系统以外无其他运动部件，因此与内燃机汽车相比，运行过程中噪声和振动都较小。

⑥ 设计方便灵活。燃料电池电动汽车可以按照电子线控（x-by-wire）的思路进行设计，改变传统的汽车设计概念，可以在空间和质量等问题上进行灵活的配置。

（2）燃料电池电动汽车的缺点 燃料电池电动汽车具有以下缺点。

① 燃料电池电动汽车的制造成本和使用成本过高。

② 辅助设备复杂，且质量和体积较大。

③ 启动时间长，系统抗振能力有待进一步提高。此外，在燃料电池电动汽车受到振动或者冲击时，各种管道的连接和密封的可靠性需要进一步提高，以防止泄漏，降低效率，防止严重时发生安全事故。

5-4 燃料电池电动汽车的整车安全性有哪些?

整车安全性要求包括整车氢气排放要求、整车氢气泄漏要求、氢气低剩余量提醒和电安全要求。

（1）整车氢气排放要求 按怠速热机状态氢气排放有关规定方法进行测试，在进行正常操作（包括启动和停机）时，任意连续3s内的平均氢气体积分数应不超过4%，且瞬时氢气体积分数不超过8%。

（2）整车氢气泄漏要求 整车氢气泄漏具有以下要求。

① 储氢系统泄漏或渗透的氢燃料，不应直接排到乘客舱、后备厢/货舱，或者车辆中任何有潜在火源风险的封闭空间或半封闭空间。

② 在安装储氢系统的封闭或半封闭的空间上方的适当位置，应至少安装一个氢气泄漏探测传感器，能实时检测氢气的浓度，并将信号传递给氢气泄漏报警装置。

③ 在驾驶员容易识别的区域应安装氢气泄漏报警提醒装置，泄漏浓

度与警告信号有关。

④ 在封闭或半封闭的空间中，氢气体积分数达到或超过2.0% ± 1.0%时，应发出警告。

⑤ 在封闭或半封闭的空间中，氢气体积分数达到或超过3.0% ± 1.0%时，应立即自动关断氢气供应，如果车辆装有多个储氢气瓶，运行仅关断有氢泄漏部分的氢气供应。

⑥ 当氢气泄漏探测传感器发生故障时，如信号中断、断路、短路等，应能向驾驶员发出故障警告信号。

（3）**氢气低剩余量提醒** 指示储氢气瓶压力或氢气剩余量的仪表应安装在驾驶员易于观察的区域，如果氢气的压力或剩余量影响到车辆的行驶，应通过一个明显的信号（如声或光信号）装置向驾驶员发出提示。

（4）**电安全要求** 燃料电池电动汽车电安全应符合《电动汽车安全要求》（GB 18384—2020）中规定的绝缘电阻要求、绝缘电阻监测要求、电位均衡要求和电容耦合要求。

① 在最大工作电压下，直流电路绝缘电阻应不小于100Ω/V，交流电路应不小于500Ω/V。如果直流和交流的B级电压电路连接在一起，则应满足绝缘电阻不小于500Ω/V的要求。

② 燃料电池电动汽车应有绝缘电阻监测功能，并能通过规定的绝缘监测功能验证试验。在车辆B级电压电路接通且未与外部电源传导连接时，该装置能够持续或者间歇地检测车辆的绝缘电阻值，当该绝缘电阻值小于制造商规定的阈值时，应通过一个明显的信号（如声或光信号）装置提醒驾驶员，并且制造商规定的阈值不应低于绝缘电阻要求的值。

③ 用于防护与B级电压电路直接接触的外露可导电部分，例如，可导电外壳和遮栏，应传导连接到电平台，且满足外露可导电部分与电平台间的连接阻抗应不大于0.1Ω；电位均衡通路中，任意两个可以被人同时触碰到的外露可导电部分，即距离不大于2.5m的两个可导电部分间电阻应不大于0.2Ω。

④ 电容耦合要求。电容耦合应至少满足以下要求之一。

a. B级电压电路中，任何B级电压带电部件和电平台之间的总电容在其最大工作电压时存储的能量应不大于0.2J，0.2J为对B级电压电路正极侧Y电容或负极侧Y电容最大存储电能的要求。此外，若有B级电压电路相互隔离，则0.2J为单独对各相互隔离的电路的要求。

b. B级电压电路至少有两层绝缘层、遮栏或外壳，或布置在外壳里或遮栏后，且这些外壳或遮栏应能承受不低于10kPa的压强，不发生明显的塑性变形。

5-5 燃料电池电动汽车的系统安全性有哪些?

系统安全性要求包括储氢气瓶和管路要求、泄压系统要求、加氢及加氢口要求、燃料管路氢气泄漏及检测要求、氢气泄漏报警装置功能要求和燃料排出要求。

（1）**储氢气瓶和管路要求**　储氢气瓶和管路具有安装位置要求、热绝缘要求和防静电要求。

① 管路接头不应位于完全密封的空间内。储氢气瓶和管路一般不应装在乘客舱、后备厢或其他通风不良的地方，如果不可避免要安装在后备厢或其他通风不良的地方时，应采取相应措施，将可能泄漏的氢气及时排出。储氢气瓶应避免直接暴露在阳光下。

② 对可能受排气管、消声器等热源影响的储氢气瓶、管路等应有热绝缘保护。

③ 高压管路及部件（含加氢口）应可靠接地。

（2）**泄压系统要求**　泄压系统有以下要求。

① 在温度驱动安全泄压装置和安全泄压装置释放管路的出口处，应采取必要的保护措施（如防尘盖），防止在使用过程中被异物堵塞，影响气体释放。温度驱动安全泄压装置是指当温度达到设定值时开始动作，且不能自动复位的一种安全泄压装置；安全泄压装置是指在特定条件下动作，并能泄放压缩氢气储存系统中的氢气以防止系统发生失效的一种装置。

② 通过温度驱动安全泄压装置释放的氢气，不应流入封闭空间或半封闭空间；不应流入或流向任意汽车轮罩；不应流向储氢气瓶；不应朝车辆前进方向释放；不应流向应急出口（如果有）。

③ 通过安全泄压装置（如安全阀）释放的氢气，不应流向裸露的电气端子、电气开关或其他引火源；不应流入封闭空间或半封闭空间；不应流入或流向任意汽车轮罩；不应流向储氢气瓶；不应流向应急出口

（如果有）。

（3）加氢及加氢口要求 加氢及加氢口有以下要求。

① 燃料加注时，车辆应不能通过其自身的驱动系统移动。

② 加氢口应具有能够防止尘土、液体和污染物等进入的防尘盖。防尘盖旁边应注明加氢口的燃料类型、公称工作压力和储氢气瓶终止使用期限。公称工作压力是指在基准温度（15℃）下，压缩氢气储存系统内气体压力达到稳定时的限充压力。

（4）燃料管路氢气泄漏及检测要求 燃料管路氢气泄漏及检测有以下要求。

① 应采用规定的方法对燃料管路的可接近部分进行氢气泄漏检测，并对接头部位进行重点泄漏检测。对于储氢气瓶与燃料电池堆之间的管路，泄漏检测压力为实际工作压力。对于加氢口至储氢气瓶之间的管路进行检测，泄漏检测压力为1.25倍的公称工作压力。

② 使用泄漏检测液进行目测检查，3min内不应出现气泡。

③ 使用气体检测仪进行检测时，应尽可能接近测量部位，其氢气泄漏速率应满足不高于0.005mg/s的要求。

（5）氢气泄漏报警装置功能要求 氢气泄漏报警装置应通过声响报警、警告灯或文字显示对驾驶员发出警告。

（6）燃料排出要求 为了达到对氢系统进行维修保养或其他目的，车辆应具有安全排出剩余燃料的功能。

参考文献

[1] 崔胜民. 燃料电池与燃料电池电动汽车[M]. 北京：化学工业出版社，2022.

[2] 全国燃料电池及液流标准化技术委员会. 质子交换膜燃料电池：第1部分　术语：GB/T 20042.1—2017[S]. 北京：中国标准出版社，2017.

[3] 全国燃料电池及液流电池标准化技术委员会. 质子交换膜燃料电池：第2部分　电池堆通用技术条件：GB/T 20042.2—2023[S]. 北京：中国标准出版社，2023.

[4] 全国汽车标准化技术委员会. 燃料电池电动汽车　车载氢系统技术条件：GB/T 26990—2023[S]. 北京：中国标准出版社，2023.

[5] 中国电子工程设计院. 加氢站技术规范（2021年版）：GB 50516—2010[S]. 北京：中国计划出版社，2021.

[6] 全国汽车标准化技术委员会. 燃料电池电动汽车　加氢枪：GB/T 34425—2017[S]. 北京：中国标准出版社，2017.

[7] 全国汽车标准化技术委员会. 燃料电池电动汽车　安全要求：GB/T 24549—2020[S]. 北京：中国标准出版社，2020.

[8] 全国汽车标准化技术委员会. 燃料电池电动汽车加氢口：GB/T 26779—2021[S]. 北京：中国标准出版社，2021.

[9] 冀雪峰，郭帅帅，郝冬，等. 车用燃料电池堆气密性综合测评方法及验证[J]. 电池工业，2021，25（1）：33-37.

[10] 王家军，耿江涛，邵志刚，等. 氢燃料电池电堆寿命影响因素及机理分析[J]. 电源技术，2023，47（5）：551-557.

[11] 高助威，李小高，刘钟馨，等. 氢燃料电池电动汽车的研究现状及发展趋势[J]. 材料导报，2022，36（14）：70-77.

[12] 蓝煜. 质子交换膜燃料电池膜电极衰退及电堆寿命预测研究[D]. 杭州：浙江大学，2022.